세 바퀴로 가는
과학자전거
강양구의 과학·기술·사회 가로지르기

2006년 12월 15일 초판 1쇄 펴냄
2022년 4월 22일 초판 30쇄 펴냄

지은이 | 강양구
펴낸이 | 정종주

펴낸곳 | 도서출판 뿌리와이파리
등록번호 | 제10-2201호 (2001년 8월 21일)
주소 | 서울시 마포구 월드컵로 128-4 2층
전화 | 02)324-2142~3
전송 | 02)324-2150
전자우편 | puripari@hanmail.net

디자인 | 이석운, 이수경
종이 | 화인페이퍼
인쇄 및 제본 | 영신사
라미네이팅 | 금성산업

값 10,000원
ISBN 89-90024-60-9 (03400)

이 도서의 국립중앙도서관 출판예정도서목록(CIP)은 서지정보유통지원시스템 홈페이지(http://www.nl.go.kr)와
국가자료공동목록시스템(http://www.nl.go.kr/kolisnet)에서 이용하실 수 있습니다.(CIP제어번호: 2006002614)

세 바퀴로 가는

과학 자전거

강양구의 **과학 · 기술 · 사회** 가로지르기

강양구 지음

뿌리와
이파리

과학·기술·사회
세 바퀴로 가는 사회를 꿈꾸며

요즘에는 과학자를 꿈으로 가진 어린이, 청소년이 예전보다 훨씬 적다고 합니다. 어릴 적 상당수 친구들이 학년 초마다 장래 희망을 묻는 항목에 꼬박꼬박 과학자를 써넣던 것과 대조되는 대목이 아닐 수 없습니다. 다른 친구들과 마찬가지로 나 역시 어릴 적 꿈은 과학자였습니다. 정확히 말하면 공학자라고 해야 할 것 같군요. '태권V' 나 '아톰' 과 같은 로봇을 만드는 게 꿈이었으니까요.

그냥 말뿐만은 아니었던 모양입니다. 시간이 날 때마다 로봇이 나오는 애니메이션을 빠뜨리지 않고 보는 것으로도 모자라, 틈만 나면 빈 종이에 언젠가는 만들 로봇의 설계도(?)를 그리곤 했으니까요. 이렇게 어린 시절을 보낸 탓인지 머리가 좀더 큰 다음에도 과학기술자 외에 다른 직업은 고려 밖이었습니다. 중학교를 졸업하자마자 별 고민 없이 이공계로 진학 기회가 제한되는 과학고등학교를 선택한 것도 이 때문이었지요.

지금 많은 친구들이 검사, 변호사, 의사, 판사처럼 사람들의 선망을 받으면서 보상도 큰 직업을 꿈꾸는 것과 비교해보면 참 순진했었지요. 그러나 뜻대로 되지 않는 게 삶인 모양입니다. 대학의 생물학과에 입학할 때까

지 과학기술자의 길을 벗어난 삶을 한 번도 생각해보지 않았던 내가 지금
은 기자를 하고 있으니까요. 계속 과학기술자의 길을 걸어가지 못한 데는
남다른 고민이 큰 역할을 했습니다.

대학에 입학한 지 1년이 채 못 된 시점이었습니다. 한 선배를 통해 영
국의 '루카스 항공(Lucas Aerospace)'의 노동자들이 1970년대 중반에 했던
고민을 소개받았습니다. 루카스 항공은 소리의 속도로 나는 콩코드 비행
기의 엔진을 개발한 곳으로 유명하지요. 별 생각 없이 읽어 내려가던 그
루카스 항공 노동자들의 고민은 당시의 내게 큰 충격을 던졌습니다. 생물
학을 공부하면서 그럭저럭 과학자의 길을 걷고 있던 삶이 흔들리는 순간
이었지요.

그들의 고민은 이런 것이었어요. '왜 소리의 속도로 나는 비행기는 있
는데 겨울마다 가난한 노인이 추위에 얼어 죽는 걸까? 값싼 난방 시스템을
제공하는 데 대단한 기술이 필요한 것도 아닌데 왜 우리는 그것을 못 하는
가? 정교한 로봇을 만들 수 있는 기술을 가지고 있는데도 정작 장애인들은
쉽게 이동할 수 있는 보조 기구를 공급받지 못하는 걸까? 왜 위험한 원자
력 에너지 대신 태양 에너지를 이용하려는 움직임은 없지?'

고민은 계속됩니다. '우리는 오염 물질을 내뿜는 자동차를 대신할 빠
르고 값싼 대중교통 수단을 개발할 능력을 가지고 있다. 그러나 정작 우리
가 하는 일은 시속 300킬로미터로 달릴 수 있는 자동차를 개발하는 일이
야. 차가 꽉꽉 막힌 도심에서 자동차가 낼 수 있는 속력은 고작 시속 10킬
로미터에 불과한데 말이야. 자동차가 등장하기 전 마차의 속력은 무려 시
속 17킬로미터나 되었다고!'

이들의 고민을 접하면서 머리를 한 대 얻어맞는 듯했습니다. 아무리 과학기술을 발달시켜도 그것이 사람에게 이롭게 쓰이지 않는다면 무슨 소용이 있을까, 이런 생각이 든 것입니다.

예를 한번 들어볼까요? 상당수 생물학자는 식물의 유전자를 조작해 전 세계의 식량 문제를 해결할 수 있을 것으로 믿고 있습니다. 그러나 현실은 그렇지 않습니다. 굳이 유전자 조작을 하지 않아도 전 세계의 식량은 모자라지 않습니다.

이미 매년 생산되는 식량은 전 세계인에게 생존에 필요한 영양을 충분히 공급할 수 있는 수준입니다. 이렇게 식량이 부족하지 않은데도 수많은 사람들이 여전히 굶주리는 이유는 무엇일까요? 바로 식량의 분배가 제대로 이루어지지 않고 있기 때문입니다. 단적으로 세계에서 제일 풍요로운 나라, 미국에서 전 국민의 20퍼센트가 굶주림에 시달리고 있습니다. 여러 가지 부작용을 무릅쓰고 식물의 유전자를 조작해 식량 생산량을 늘린다고 한들 과연 이런 상황이 나아질까요?

2004년 말, 남아시아에서 발생한 지진해일은 15만여 명의 목숨을 앗아간 대재앙이었습니다. 그것은 자연의 거대한 힘과 비교했을 때 인간의 힘이 얼마나 미약한지를 잘 보여준 예였지요. 그러나 사건이 수습된 이후 희생자를 줄일 수 있었다는 후회의 목소리가 여기저기서 들려왔습니다. 현재 우리는 전 세계 어느 곳이나 지진해일의 위험을 미리 감지할 수 있는 기술을 가지고 있거든요.

실제로 태평양에는 지진해일을 미리 감지하는 '태평양 지진해일 경보 시스템(PTWS)'이 이미 40년 전부터 가동하고 있었어요. 이런 기술 덕분에 미국 하와이에서는 지진해일을 하루 전에 감지했습니다. 지진해일로 큰 피해를 입은 나라에 하루 전에만 그 정보가 제대로 전달되었다면 주민과 관광객은 충분히 안전한 곳으로 대피할 수 있었겠지요. 지진해일이 도달하는 데 걸리는 시간이 인도네시아의 경우 1시간, 스리랑카의 경우 2시간인 것을 감안하면 더욱더 그렇습니다.

그러나 현실은 냉혹했습니다. 피해를 입은 가난한 나라들은 경보를 전달받는 시스템을 갖추고 있지 못했던 탓에 제때 연락받지 못했습니다. 이 가난한 나라들은 미국이 대사관을 통해서 경보를 전달해주지 않으면 지진해일이 닥칠 때까지 대비할 방도가 없었어요. 만약 그때 지진해일의 피해를 입은 나라들이 미국, 유럽, 일본과 같은 부자 나라들이었다면 그토록 인명 피해가 심했을까요?

이처럼 과학기술이 '할 수' 있는 것과 실제로 '하는' 것 사이에는 큰 간극이 있습니다. 더구나 오늘날 과학기술은 인권, 평화, 환경과 같은 세상을 '살리는' 일보다는 차별, 전쟁, 파괴와 같은 세상을 '죽이는' 데 악용되는 경향마저도 보이는 것 같습니다. '이런 현실에서 과학기술을 연구·개발하는 과학기술자가 되는 것이 무슨 의미가 있을까?' 지난 10여 년간 계속된 과학기술과 사회의 관계에 대한 고민은 바로 이런 의문 때문이었습니다.

2005~6년 이른바 '황우석 사태'를 온 몸으로 겪으면서 앞에서 열거한 질문은 과학기술자만의 문제가 아니라 과학기술 시대를 살아가는 모든 시민이 함께 궁리해서 해답을 찾아야 할 문제라는 생각이 더욱더 절실해졌습니다. 과학기술을 절대 선(善)으로 여기는 당시의 분위기는 자칫 과학기술의 이름으로 민주주의가 압살될 가능성을 예고하기에 충분했습니다. 민주주의 없는 과학기술 시대야말로 수많은 문명의 예언자들이 경고했던 디

스토피아가 아닐까요? 이것이 바로 지난 10여 년간의 고민을 갈무리해 이렇게 책으로 묶을 용기를 낸 이유입니다.

특히 이 책은 10대 친구를 우선적인 독자로 염두에 뒀습니다. 황우석 사태를 지나면서 수많은 이들로부터 비난과 비판을 받았습니다. 이 비난과 비판의 3분의 2 정도는 10대 친구로부터 나온 것이어서 당혹스럽기 짝이 없었어요. 그럴 만도 했습니다. 지금 중·고등학교를 다니는 친구들은 10대가 되자마자 황우석 박사를 나라에서 공인한 '닮고 싶은 과학기술자'로 믿고 따르던 이들이니까요. 황 박사의 실체를 뒤늦게 알고 난 후, 한 10대 친구가 보낸 편지의 일부입니다.

"저는 올해 고등학교 2학년이 됩니다. 저는 중학생 때부터 황우석 박사님을 무척 존경하고 그분처럼 되고 싶다는 막연한 생각을 품고 있었습니다. 지금 생각해보면 저는 오로지 신문, 텔레비전만을 믿고 '황우석이 진리다', 이런 생각을 했던 것 같습니다. 점점 제기되는 의혹들에 마음이 아팠고, '왜 이렇게 황 박사님을 못살게 구나' 하는 생각도 했었습니다. 그래서 친구들이나 선생님들이 황 박사님을 질타하면 치기어린 마음에 조근조근 반박하기도 했습니다.
그러나 MBC 「100분 토론」을 보고나서 어쩌면 제가 아는 것이 거짓일 수도 있다고 생각했습니다. 「프레시안」에도 들어가서 하루 종일 기사만 본 적도 있습니다. 지금 저는 황 박사님의 팬도 아니고 편들기도 하지 않습니다. 이제 '과학은 편드는 것이 아니다' 라는 사실을 깨달았기 때문입니다.
마지막으로 강양구 기자님께 부탁드리는 것은 정말 진실만을 저

희에게 말해달라는 것입니다. 제가 황 박사님을 우상화시키려는
언론에 현혹돼서 눈과 귀를 막았던 일이 다시는 없도록 해주세요.
힘내세요."

더 늦기 전에 앞으로 과학기술 시대의 주역이 될 10대 친구와의 대화
에 적극적으로 나서야 한다는 위기의식은 바로 이런 편지를 받고 더욱더
깊어졌습니다. 사실 지난 10여 년간 고민을 계속해오면서 '만약 10대 때도
이런 고민을 던져주는 스승, 선배, 친구가 있었다면 훨씬 더 좋았을 텐데'
하는 생각을 많이 했었거든요. 그러니 이 책은 과학기술자의 길 외에는 다
른 길을 생각해본 적이 없는, 분명히 황우석 박사처럼 되고 싶어했을 지금
의 10대와 다를 바 없었던 '10대의 나'와 나누는 일종의 대화입니다.

이 책은 크게 3부로 구성되어 있습니다. 먼저 1부에서는 일상생활에서
공기처럼 여기는 냉장고, 도로, 자전거와 같은 친숙한 예를 통해 과학기술
이 과연 어떤 과정을 통해서 오늘날과 같은 모습을 띠게 되었는지 살펴봅
니다. 1970년대 이후 등장한 새로운 과학기술사회학의 성과에 바탕을 둔
이야기를 읽다보면 자연스럽게 과학기술과 사회의 관계를 염두에 두지 않
고서는 과학기술의 성과와 한계를 이야기하기 어렵다는 것을 알 수 있을
것입니다.

2부에서는 오늘날 과학기술이 해결해야 할 절박한 문제를 나열해보았습
니다. 특히 여기에 나열된 문제는 대부분 20세기 과학기술의 성과로 인정돼
온 것들입니다. 큰 고민 없이 수용한 과학기술이 불과 100년도 안 돼, 세계의
생존을 좌지우지할지 모르는 문제로 대두된 것은 우리가 과학기술에 대해

어떤 태도를 취해야 할지 여러 가지 생각할 거리를 던져줄 것입니다.

3부에서는 오늘날 제기되는 수많은 과학기술 문제를 해결하기 위해서 어떤 해답을 찾는 것이 가능할지 조심스럽게 모색해보았습니다. 특히 이 부분에서는 이론적인 부분은 과감히 걷어내고 가능하면 생생한 현장의 목소리가 실릴 수 있도록 신경 썼습니다. 다른 무엇보다 이 책을 읽는 독자들이 직접 참여할 수 있는 본보기를 제시하는 데 주력했습니다. 기자 생활을 하면서 직접 보고, 들은 내용이 포함된 것은 이 때문입니다.

노파심에서 덧붙입니다. 꼭 10대가 아니더라도 과학기술 시대를 어떻게 살아가야 할지 지금 막 고민을 시작한 사람이라면 누구나 이 책의 독자가 될 수 있습니다. 현대 과학기술에 대해 고민하는 사람이 한 사람이라도 더 생긴다면, 그것만으로도 이 책은 제 역할을 다하는 것입니다. 한 사람의 고민은 단지 넋두리나 몽상으로 끝나는 데 그치지만, 많은 사람의 고민은 세상을 바꾸는 원동력이 되기 때문입니다.

세 바퀴로 가는 자전거가 더할 나위 없이 안전한 것은 바퀴가 셋이어서 아니라 그 세 바퀴가 제 모양으로, 제자리에 적절히 위치한 탓입니다. 이 책이 과학 · 기술 · 사회가 제 모양으로, 제자리에 위치할 수 있는 고민의 실마리를 제공하고, 더 나아가 '널리 인간을 이롭게 하는' 과학기술이 세상에 등장할 수 있도록 하는 실천의 동력이 될 수 있다면 더 바랄 것이 없겠습니다.

2006년 12월

강양구

고속철도, 인터넷 등은 어느 날 갑자기 우리 삶 속에 들어왔습니다.

노크도 없이 불쑥 집 안으로 들어온 것들이 이렇게 삶과 일상을 좌지우지하는데도

우리는 한 번도 그것들에 대해 의문을 품어본 적이 없습니다. 만약 그것들에 대해 한 번이라도 의문을 품었다면,

또 진지하게 그것들로 인해 얻을 것과 잃을 것을 따져보았다면

지금 우리를 둘러싼 과학기술의 모습도 지금과는 많이 다른 모습이지 않을까요?

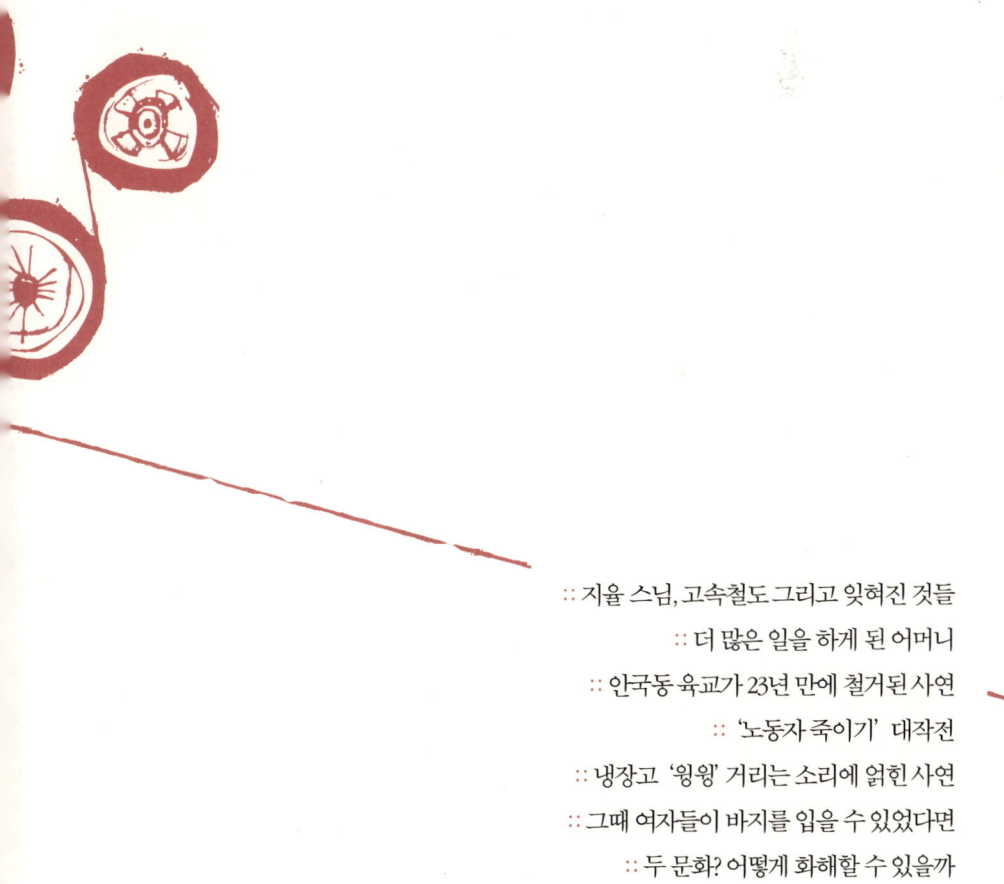

지율 스님, 고속철도 그리고 잊혀진 것들

고속철도, 인터넷 등은 어느 날 갑자기 우리 삶 속에 들어왔습니다. 노크도 없이 불쑥 집 안으로
들어온 것들이 이렇게 삶과 일상을 좌지우지하는데도 우리는 한 번도 그것들에 대해
의문을 품어본 적이 없습니다. 만약 그것들에 대해 한 번이라도 의문을 품었다면,
또 진지하게 그것들로 인해 얻을 것과 잃을 것을 따져보았다면 지금 우리를 둘러싼 과학기술의
모습도 지금과는 많이 다른 모습이지 않을까요?

먼저 한 스님 이야기를 하는 것으로 글을 시작하려 합니다. 2001년
부터 꾸준히 경부고속철도 천성산 관통 터널을 반대해온 지율
스님이 그 주인공인데요, 지금까지 총 다섯 차례에 걸쳐 단식을 했습니
다. 특히 지난 2005년에는 100일 단식이 크게 화제가 되면서 언론의 큰
주목을 받기도 했지요. 이렇게 지율 스님의 단식이 계속되자 정작 사람
들의 관심은 오로지 '단식'에만 모아졌습니다. 사람들에게 지율 스님
이야기를 꺼낼 때마다 당장 오는 반응은 "사람이 어떻게 100일 넘게 물
과 소금만으로 버틸 수 있어. 말도 안 돼" 하는 대답이 대부분이었거든
요. 아마 이 글을 읽는 친구들도 고개를 갸우뚱했을 것 같은데요, 이야
기를 본격적으로 시작하기 전에 그 궁금증부터 해결하고 가겠습니다.

물론 보통 사람들은 물과 소금만으로는 20일도 채 버티기가 쉽지
않습니다. 하지만 종교인의 경우에는 물과 소금만 섭취하면서 100일
가까이 견딘 예가 많습니다. 종교인은 몸에 고통을 주는 수양 경험이
있을 뿐만 아니라, 정신력 또한 남다르기 때문입니다. 더구나 지율 스
님은 한여름에 45일 동안 매일 삼천배를 할 정도로 체력도 남달랐다고

17

합니다.

현대 의학이 인간의 생명이 견딜 수 있는 가장 긴 기간을 100일 정도로 잡고 있는 것도 이런 특수한 예가 있기 때문입니다. 그러나 견디는 데도 한계가 있습니다. 통상 단식을 시작하면 세포 활동에 꼭 필요한 에너지원을 간, 지방, 근육, 심지어 소화효소에서 끌어다 씁니다. 하지만 이렇게 몸속의 에너지원이 전부 다 소모되기 전에 몸의 구성과 소화기관의 기능이 바뀌면서, 심장과 뇌에 이상이 생겨 목숨을 잃을 가능성이 커집니다.

실제로 지율 스님은 2006년 초, 다섯 번째 단식을 하면서 생명이 위독하기도 했습니다. 그때 병원에서 본 지율 스님은 정말 말 그대로 뼈만 앙상하게 남은 모습이었습니다. 바짝 마른 다리가 마비돼 걸음조차 내딛지 못하던 지율 스님은 정신력으로 힘들게 목숨을 지탱하고 있었습니다. 다행히 지율 스님은 단식을 중단했고, 지금은 건강도 많이 회복되었다고 합니다.

고속철도, 사라진 삶의 여유

앞에서 지율 스님 이야기를 길게 꺼낸 것은 골치 아픈 문제를 같이 생각해보기 위해서입니다. 많은 사람들이 오해하는 것과 달리 지율 스님은 고속철도 자체를 반대하는 것이 아닙니다. 그는 단지 터널을 뚫는 것이 천성산 환경에 어떤 영향을 미치는지 제대로 조사하자고 주장할 뿐입니다.

이 글에서는 지율 스님의 주장과는 무관하게 '과연 고속철도는 우리의 삶을 더 윤택하게 하는가, 더 나아가 우리를 행복하게 하는가'라는 문제를 생각해보겠습니다. 흔히 우리는 새로운 과학기술의 산물이 가져다줄 긍정적인 영향만을 강조하면서 그 때문에 사라지는 것들, 그래서 결국 잊혀지는 것들에 둔감한 경향이

KTX(Korean Train eXpress) :
2004년 4월 경부·호남선이 동시 개통됨으로써 우리나라도 시속 300킬로미터의 초고속철도 시대에 들어서게 되었다.

있습니다. 먼저 고속철도와 관계된 개인적 경험부터 말해보겠습니다.

기자라는 직업 특성상 가끔 지방 출장을 다닐 일이 있습니다. 처음에는 대구까지 두 시간도 채 안 걸리는 고속철도 개통이 여간 반가운 게 아니었습니다. 하지만 몇 번 고속철도를 이용해 지방 출장을 다녀보니 그게 꼭 좋은 것만은 아니더군요. 예전에는 지방 출장을 다니러 갈 때마다 그곳에서 하룻밤 묵고 오는 게 당연했습니다. 일을 어느 정도 마무리한 뒤에는, 오랜만에 만나는 반가운 사람들과 어울려 시간을 보내는 즐거움도 누릴 수 있었지요.

그런데 고속철도가 개통된 뒤에는 사정이 바뀌었습니다. 특별한 일이 없는 한 밤늦게라도 고속철도를 타고 서울로 올라오게 된 것입니다. 차 안에서 보내는 시간은 '훨씬' 짧아졌는데도 (고작 한 시간을 '훨씬'이라고 할 수 있을까요?) 삶의 여유는 더 없어졌습니다. 참 이해하기 어려운 역설입니다.

속도와의 전쟁, 인터넷 시대의 부작용

인터넷의 발달도 마찬가지입니다. 인터넷 신문의 기자가 이런 말을 하면 우습지만, 가끔 인터넷이라는 수단이 참 싫을 때가 있습니다. 인터넷 신문은 무엇보다 시간과의 싸움이 중요합니다. 속보가 곧 생명이기 때문이지요. 취재가 끝나면 그 즉시 기사를 작성해서 독자들에게 소식을 전해야 합니다.

그때마다 마음 한구석에서는 여간 불안한 게 아닙니다. 취재는 사실(fact)을 발굴해 독자들에게 단순히 전달만 하는 것이 아닙니다. 그것의 진위를 가리고, 앞뒤 맥락을 살피고, 해석을 하는 과정이 모두 포함됩니다. 그러나 인터넷의 속성상 그런 과정이 갈수록 짧아지고 있습니다. 그러다 보니 충분히 취재하지 못한 기사가 그대로 독자와 만나게 됩니다.

인터넷을 이용하여 주고받는 전자우편(e-mail)도 다른 측면에서 따져볼 필요가 있습니다. 손으로 직접 쓰고 우표를 붙인 편지보다 정성이 부족하다느니, 정이 안 느껴진다느니 하는 고리타분한 비판은 얼른 수긍이 안 됩니다. 하지만 다음과 같은 경우는 어떨까요?

한참 전에, 『종의 기원』을 써 진화론을 제창한 찰스 다윈(Charles R. Darwin)의 전집을 국내에 소개할 생각으로 외국의 찰스 다윈 전집을 살펴본 적이 있습니다. 놀랍게도 찰스 다윈이 생전에 다른 이들과 주고받은 편지를 책으로 묶는 작업이 활발히 진행 중이었습니다. 이 깐깐한 영국 신사는 생전에 받은 편지는 물론이고, 자기가 쓴 편지를 발송하기 전에 모조리 손으로 베껴 그 사본까지 보관해두었다고 합니다. 그 편지는 다윈과 그의 지인이 직접 책에다 쓰지 못한 핵심적인 아이디어와 다

이 깐깐한 영국 신사는 생전에 받은 편지는 물론이고, 자기가 쓴 편지를 발송하기 전에 모조리 손으로 베껴 그 사본까지 보관해두었다고 합니다.

윈의 진화론이 나오게 된 배경이 **빽빽**이 들어 있는 인류의 소중한 자산입니다.

하루에도 수십 통씩 주고받는 현대인의 전자우편과 쪽지도 과연 그렇게 100여 년이 지난 다음 누군가가 책으로 묶는 일이 가능할까요? 일일이 출력을 하고 따로 보관해두지 않는 한 사라지기 십상일 텐데요. 더구나 큰 고민 없이 손쉽게 주고받는 전자우편이나 쪽지들이 책으로 묶일 만큼 가치가 있을지도 의문입니다.

지율 스님이 진짜로 말하고 싶었던 것

지금까지 이야기한 고속철도와 인터넷 외에도 우리 곁에는 삶에 큰 영향을 주는 과학기술의 산물들이 셀 수 없이 많습니다. 그런데 우리는 한 번도 직접 문을 열어서 그것들을 맞이한 적이 없습니다. 고속철도, 인터넷 등은 어느 날 갑자기 우리 삶 속에 들어왔습니다. 노크도 없이 불쑥 집 안으로 들어온 것들이 이렇게 삶과 일상을 좌지우지하는데도 우리는 한 번도 그것들에 대해 의문을 품어본 적이 없습니다. 만약 그것들에 대해 한 번이라도 의문을 품었다면, 또 진지하게 그것들로 인해 얻을 것과 잃을 것을 따져보았다면 지금 우리를 둘러싼 과학기술의 모습도 지금과는 많이 다른 모습이지 않을까요? 지율 스님이 드러내놓고 말하진 못했지만, 여러 차례 힘든 단식을 통해 진짜 전하고자 했던 메시지는 바로 이것이었을지 모릅니다.

앞에서 했던 이야기를 사람들에게 들려주면 당장 나오는 질문이 있습니다. "그럼 과학기술이 발달하기 전의 과거로 돌아가자는 말이에요?"

이런 질문은 현대 과학기술을 무작정 받아들이기에 앞서 다양한 각도에서 살펴보자는 이야기를, 과학기술을 거부하자는 과격한 주장으로 부풀려 해석한 데 따른 것입니다.

물론 현대 과학기술의 부정적인 면에 대해서 심각한 문제의식을 갖고 있는 사람 중에는 현대 과학기술 자체에 반대하는 사람도 있습니다. 가장 대표적인 사람이 바로 '유나바머(Unabomber)'로 널리 알려진 시어도어 존 카진스키(Theodore John Kaczynski)입니다. 미국 하버드 대학 출신으로 버클리 대학 수학과 교수까지 지냈던 그는, 현대 과학기술 문명에 대해 깊은 절망감을 토로합니다.

카진스키는 20여 년간 숲 속 오지에 은둔하면서 1978년부터 1995년까지 16회에 걸쳐 과학기술 관련 전문가를 대상으로 우편물 폭탄 테러를 감행해왔습니다. 결국 그는 1996년에 더 이상의 살상을 막으려는 동생의 제보로 체포되었습니다. 체포될 때까지 그의 폭탄 테러로 인해 3명이 목숨을 잃고, 29명이 부상을 입었습니다. 1998년, 결국 그는 종신형을 선고받고 현재 복역 중에 있습니다.

1995년에 카진스키는 테러를 중단하는 조

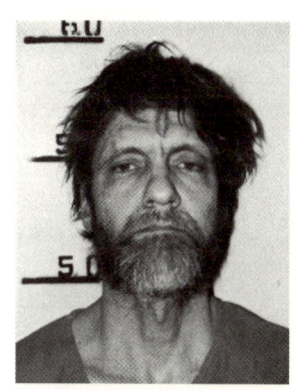

시어도어 존 카진스키 :
철학박사이자 천재 수학자이며 미국의 테러리스트. 기술 진보를 '악'으로 규정하고 그에 맞서 싸우려는 시도로 무려 18년간이나 폭탄 테러를 감행해왔다.

건으로 과학 문명에 대한 자신의 견해를 담은 논문 게재를 요구해 「뉴욕타임스」와 「워싱턴포스트」에 그의 논문이 실리기도 했습니다. 「산업사회와 그 미래」라는 제목의 이 논문은 나중에 책으로도 출간됩니다. 이 논문은 카진스키가 과학기술에 대해 갖고 있는 생각을 잘 보여줍니다. 그에게 현대 과학기술은 파국을 향해 벼랑 끝으로 치닫는 거대한 괴물과도 같습니다. 그 괴물의 등에는 바로 인류가 타고 있지요. 그가 과학기술을 향해 폭탄을 던지게 된 배경에는 이런 현대 과학기술에 대한 생각이 그 밑바탕에 깔려 있습니다. 괴물을 죽이지 않으면 우리 모두가 벼랑 끝으로 떨어지고 말 테니까요.

카진스키가 현대 과학기술의 문제점에 대해 지적한 부분은 공감할 대목이 상당히 많습니다. 그러나 그가 행했던 '파괴' 말고도 해결 방법은 많을 수 있습니다. 그렇다면 도대체 어떤 방법이 가능할까요? 이 책을 통해 앞으로 함께 고민하고 싶은 것도 바로 그 부분입니다. 카진스키도 자신의 고민을 함께 나눌 수 있는 친구들이 많았다면, 아마도 테러범이 되지는 않았을지 모릅니다.

: : 깊이 읽기

「산업사회와 그 미래: 우리가 사는 이 세상은 정말 잘못되었다」, 테어도르 존 카진스키 지음, 조병준 옮김, 박영률출판사, 2006.

더 많은 일을 하게 된 어머니

가전기구 덕분에 가사노동이 훨씬 더 수월해진 것은 사실입니다.
그러나 정작 여성의 가사노동은 줄기는커녕 오히려 늘어났습니다. 혼자서 빨기 어려운
큰 이불 같은 무거운 빨랫감을 어머니 혼자서 세탁기로 빨 수 있게 되면서 집안의 남성들
이 비로소 가사노동으로부터 해방(?)된 것입니다.

어머니들은 보통 가사노동을 하는 데 얼마나 많은 시간을 보낼까
요? 여성가족부, 통계청 등이 조사한 결과에 따르면 전업주부의
가사노동 시간은 하루 평균 5시간 49분으로 집계됐습니다. 그렇다면
가사노동의 경제적 가치는 얼마나 될까요? 교통사고가 발생했을 때 자
동차 보험회사는 가사노동의 가치를 단순한 육체노동과 똑같은 하루 5
만 원으로 환산하여 계산해왔습니다.

2005년 6월 7일, 서울남부지법의 이정렬 판사는 가사노동의 가치를
하루 6만 5,000원으로 계산해야 한다는 판결을 내려서 주목을 받기도 했
는데요, 가사노동은 단순한 육체노동이 아니라 그보다 더 높은 기능이
요구되는 전문노동으로 인정해야 한다는 게 판결의 이유였습니다. 기존
보다 1만 5,000원이 더 올랐지만 이 정도로도 아직 부족해 보입니다.

실제로 가사노동을 요리, 청소, 육아 등으로 세분화한 다음, 대체
인력을 사용했을 때 지급해야 하는 비용을 계산하여 이를 총합해보면
큰 차이가 나는 걸 알 수 있습니다. 특히 40대 전업주부의 경우 연봉이
3,407만 원이나 되는 것으로 나타났는데, 하루 6만 5,000원으로 계산하

여 산출된 연봉 1,340만 원의 2배를 훨씬 웃도는 액수입니다.

하지만 이렇게 가사노동의 가치를 돈으로 환산한다고 한들 달라지는 것은 없습니다. 대다수 여성들은 여전히 매일 반복되는 가사노동에 시달리고 있으니까요. 그나마 요즘에는 세탁기, 청소기와 같은 가전기구들이 있어서 과거와 비교했을 때 가사노동의 강도가 약해진 것을 위안으로 삼을 수도 있겠지요. 그러나 다음 이야기는 우리에게 충격을 던져줍니다.

세탁기가 남편을 해방시켰다?

요즈음 대부분의 가정에는 전기밥솥, 세탁기, 청소기 등의 각종 가전기구가 잘 구비돼 있습니다. 많은 사람들은 이런 가전기구가 보통 여성들이 하기 마련인 가사노동을 획기적으로 줄였다고 생각합니다. 하기는 얼른 생각해도 이런 가정(假定)에는 별 무리가 없어 보입니다. 산더미 같은 빨래를 세탁기 없이 손으로 빼는 일은 엄두조차 안 납니다.

미국의 한 역사학자는 19세기 말부터 20세기 중반까지 미국의 각 가정에 세탁기, 청소기 같은 가전제품이 도입되면서 가사노동이 어떻게 변해왔는지를 조사했습니다. 결론은, 우리 상식과는 정반대였습니다. 가전기구 덕분에 가사노동이 훨씬 더 수월해진 것은 사실입니다. 그러나 정작 여성의 가사노동은 줄기는커녕 오히려 늘어났습니다.

앞에서 요즘에는 성능 좋은 세탁기 덕분에 아무리 부피가 크고 무거운 빨래도 혼자서 거뜬히 해낼 수 있다고 했지요? 그럼 세탁기가 없었을 때는 어땠을까요? 세탁기가 도입되기 전에는 부피가 크고 무거운

혼자서 빨기 어려운 큰 이불 같은 무거운 빨랫감을 어머니 혼자서 세탁기로 빨 수 있게
되면서 집안의 남성들이 비로소 가사노동으로부터 해방(?)된 것입니다.

빨랫감은 어머니 몫이 아니라 다름 아닌 집안의 남자들, 즉 할아버지, 아버지, 아들의 몫이었습니다. 물론 여유 있는 가정의 경우에는 하인을 고용했고요.

세탁기, 청소기와 같은 가전기구가 대거 도입되면서 사정은 바뀌게 됩니다. 세탁, 청소와 같은 가사노동은 고스란히 어머니의 몫이 되어버렸습니다. 혼자서 빨기 어려운 큰 이불 같은 무거운 빨랫감을 어머니 혼자서 세탁기로 빨 수 있게 되면서 집안의 남성들이 비로소 가사노동으로부터 해방(?)된 것입니다.

청결 관리까지 어머니 몫으로

가사기술의 발달은 여성이 가사노동에 더 신경 쓰게 하는 조건으로도 작용합니다. 세탁기와 같은 가전기구가 도입되면서 사람들의 청결 기준이 훨씬 높아졌기 때문입니다. 빨래하기가 쉽지 않았던 시절에는 두세 번 입어도 크게 문제가 안 됐을 법한 얼룩도 이제는 세탁의 대상입니다. 세탁기 덕에 신경 써야 할 게 더 늘어난 셈이지요.

이런 변화는 1930년대 이후 세균의 위험이 의학계를 넘어 일반인에게까지 널리 알려지면서 더욱더 가속화됐습니다. 가족들에게 깨끗한 옷을 입히지 못하는 주부는 세균의 위험으로부터 남편과 아이를 보호하지 못한다는 비난을 감수해야 했습니다. 이제 가정의 청결을 책임지고 관리하는 것까지 여성의 몫이 된 것입니다.

가전기구를 생산하는 기업에서 이런 절호의 기회를 놓칠 리가 없습니다. 기업들은 "얼룩이 있는 옷을 입고 다니는 아이들은 어머니로부터 사랑을 못 받는 아이"라는 식의 편견을 퍼뜨렸습니다. 세탁기 판매량은 더욱더 늘어날 수밖에 없었지요. 이제 어머니들은 늘어난 빨랫감 때문에 가사노동에 신경 써야 할 시간이 더욱더 늘어나게 됐습니다.

이 역사학자는 결론적으로 가전기구 때문에 어머니가 가정에서 해방되기는커녕 가사노동에 더 매달리게 됐다고 지적합니다. 곰곰이 생각해보십시오. 19세기 후반과 비교할 수 없을 정도로 가전기술이 발달했다고 하지만, 전업주부로 일하는 어머니는 여전히 가사노동만으로도 보통 힘들어하는 게 아닙니다.

세탁바구니에서 빨랫감을 빼라

이 연구를 수행한 역사학자 루스 코완(Ruth S. Cowan) 역시 남편과 세 딸이 있습니다. 그의 개인적 경험을 들어볼까요? 이 연구를 한창 진행 중일 때 코완은 자신의 어린 딸이 셔츠 앞부분에 달걀노른자를 흘린 것을 보고, 곧장 그 셔츠를 세탁바구니에 던져 넣는 자기 모습을 발견하게 됩니다. 그는 이렇게 자문합니다.

"청결에 대한 그런 어리석은 생각을 강화하려는 것은 비누 제조업자들밖에 없어. 그들이 비누를 더 사게 하려고 그런다는 것을 잘 알고 있잖아? 다른 사람은 몰라도 특히 너는 그런 속임수에 걸려들지 말아야 해. 그 셔츠를 바구니에서 꺼내. 아니, 그렇게 못해. 나는 내 딸이 유치원에서 놀림 받게 하고 싶지 않아."

결국 코완은 그 셔츠를 세탁했습니다. 몇 년 후 그는 중병에 걸려 6개월이나 자리에 눕게 되었고, 그동안 코완의 몫이던 가사노동은 남편

루스 코완 :
과학기술의 발달이 여성의 가사노동에 미친 영향을
연구. 그는 가전기구의 도입으로 가정주부의 일이
줄어들기는커녕 오히려 늘어났다고 지적한다.

에게로 넘어갔습니다. 여러 차례 세
탁 규칙을 일러줬음에도 남편은 6
개월 동안 '어두운' 색상과 '밝은'
색상을, '화학' 섬유와 '면' 섬유를
한데 섞어서 세탁기에 넣었습니다.
결과는 어땠을까요? 색이 물든 속옷
하나를 빼놓고는 전혀 문제가 없었
습니다.

자, 각자 가정의 풍경을 한번 떠
올려보십시오. 과연 여러분은 가사
기술을 통제하고 있습니까? 가사기
술의 발달이 어머니를 더 행복하게 만들었나요? 혹시 가사기술이 우리
를 통제하고 있지는 않습니까? 주부의 노동을 줄여주는 진짜 가사기술
은 아직 우리 곁에 없는 것은 아닌지 생각해봅시다.

■ 한 걸음 더 : 대학교수 부인의 하루-1941년과 1981년

루스 코완은 1941년과 1981년, 이렇게 40년의 시간차를 두고 대학
교수 부인의 하루가 어떻게 달라졌는지 비교하고 있습니다. 1941년
의 대학교수 부인은 두 명의 하인을 두고 있었습니다. 한 명은 빨래
와 힘든 청소를 했고, 다른 한 명은 식탁을 치우고 간단한 청소를
하고 아이를 돌봤습니다. 그럼 40년 후의 모습을 살펴볼까요?

1981년의 대학교수 부인은 6시에 일어나 아침식사 준비를 하고

지하실에 내려가 빨래를 세탁기에 넣습니다. 아이들에게 옷을 입힌 후 남편과 아이들에게 아침을 차려줍니다. 남편이 아이들을 돌보는 동안 세탁기에서 빨래를 꺼내 넌 다음 남편을 출근시킵니다. 그제야 그는 비로소 아침식사를 합니다.

아침식사를 끝낸 후 설거지를 마치고, 부엌을 청소하고, 침대를 정돈하고, 집 안을 치웁니다. 점심식사에 필요한 먹을거리를 준비하고 시장에 다녀오면 12시쯤 됩니다. 아이들에게 점심을 먹이고, 설거지를 하고, 부엌을 정돈합니다. 요일에 따라서 다림질을 하거나, 방 하나를 완전히 청소하거나, 주말 음식을 요리합니다. 아이들을 산책시키고, 다시 저녁식사를 준비하고……

이 대학교수 부인의 가사노동은 잠자리에 드는 10시까지 계속됩니다. 놀랍게도, 같은 시기 노동자 부인의 하루를 묘사한 조사도 이 대학교수 부인과 거의 일치합니다. 가사기술이 발달하면서 중산층, 중하층 여성 할 것 없이 가사노동에 더 시달리게 됐다는 연구결과를 보니 어떤 생각이 드십니까?

: : 깊이 읽기

『과학기술과 가사노동』, 루쓰 코완 지음, 김성희 외 옮김, 신정, 1997.

안국동 육교가 23년 만에 철거된 사연

우리가 별 생각 없이 이용하는 과학기술의 산물들은 눈앞에 보이는 것보다 훨씬
더 많은 사연을 그 속에 담고 있습니다. 자, 주위를 한번 둘러보십시오. 우리가 무심코
이용하는 버스와 지하철, 또 집이나 학교 곳곳에 있는 인공물에는 어떤 사연이 숨어 있을까요?

직접 만난 적은 없지만, 그 사람의 사연을 듣는 것만으로 끌리는 이가 있습니다. 서울의 한 대학교에서 영문학을 가르치는 장영희 교수도 그런 사람입니다. 처음에 그를 접한 것은 한 신문에 연재된 그의 문학 에세이였습니다. 매번 이웃에 대한 따뜻한 마음씀씀이가 느껴지는 그의 글을 읽을 때마다 '이분은 참 행복하게 살고 있구나' 하는 생각이 들었습니다. 그러다 그의 사연을 듣고 깜짝 놀랐습니다. 그는 한 살 때 소아마비를 앓아 두 다리가 불편한 1급 장애인이었던 것입니다.

그가 두 다리가 불편한 장애인이라는 사실을 알게 된 2001년 무렵, 평소 자주 들르던 서울 종로구 안국동의 철제육교가 어느 날 갑자기 철거되고 그 자리에 횡단보도가 그려졌습니다. 그 안국동 육교는 무려 23년이나 인사동 초입을 지키고 서 있었던 데다 종종 시나 소설에도 언급되는 명물이어서 내심 섭섭한 마음이 들었던 게 사실입니다. 그러나 이런 섭섭한 마음이 얼마나 한심한 것이었는지 금방 깨닫게 되었습니다.

어느 날, 신호등 파란불에 한 장애인이 전동 휠체어를 몰고 횡단보도를 건너는 모습을 보게 된 것입니다. '아, 그렇구나!' 머리를 한 대 쥐어박을 수밖에 없었습니다. 누군가에게는 감성을 자극하는 육교가 수많은 장애인들에게, 또 장영희 교수에게는 이동할 수 있는 자유를 가로막는 장애물이었던 것입니다. 실제로 이 안국동 육교는 장애인들이 몇 년에 걸쳐 끈질기게 요구한 탓에 겨우 철거될 수 있었다고 합니다.

이처럼 우리는 종종 겉으로 드러난 것 이면에 숨어 있는 여러 가지 모습을 보지 못한 채 지나치곤 합니다. 만약 시내 곳곳에 육교를 세울 때마다 장애인을 조금이라도 배려했더라면, 아니 장애인이 직접 도시 계획에 참여했더라면, 오늘날 시내의 모습은 상당히 달라졌을 것입니다. 이렇게 다리와 도로를 포함한 여러 가지 과학기술 인공물은 우리 눈앞에 보이는 것보다 훨씬 더 많은 사연을 그 속에 담고 있습니다.

그 해변에 백인만 있었던 이유는?

처음부터 다리 이야기로 시작을 했으니, 이번에는 미국의 다리 이야기를 해보겠습니다. 뉴욕 주 롱아일랜드 해안의 존스비치 공원으로 진입하는 도로를 가로지르는 다리는 약 3미터의 높이로 낮게 설치되어 있다고 합니다. 대부분의 사람들이 무심결에 지나다니는 이 다리에도 놀랄 만한 사연이 숨어 있습니다. 바로 높이가 3.5미터인 버스가 다리 밑을 통과해 공원으로 가는 것을 막기 위해 일부러 다리를 낮게 설계한 것입니다.

1920년대에서 70년대에 걸쳐 뉴욕 주의 공원, 다리, 도로를 건설했던 유명한 건축가 로버트 모제스(Robert Moses)는 유독 '있는 티'를 내면서 흑인을 싫어했습니다. 그는 존스비치 공원 같은 아름다운 해변에 가난한 흑인이 드나드는 것이 정말 싫었나 봅니다.

그는 자동차를 소유하고 있는 중·상류 계층의 백인은 장애물 없이 자유롭게 도로를 이용해 공원으로 이동하는 것은 반겼지만, 가난한 사람이나 흑인이 자기가 설계한 도로를 이용해 존스비치 공원에 접근하는 것은 매우 못마땅했습니다. 고심(?) 끝에 그가 내린 편법이 바로 가난한 사람이나 흑인이 주로 이용하는 버스가 다니지 못하도록 다리를 '낮게' 설계한 것입니다. 버스는 차체 높이보다 0.5미터나 낮은 다리 때문에 공원으로 진입하는 것이 불가능했습니다. 존스비치 공원에 '돈 좀 있어 보이는' 백인만 있었던 데는 다 이유가 있었습니다. 시민들이 아무 생각 없이 이용하는 다리에 가난한 사람과 흑인에 대한 끔찍한 '차별'이 숨겨져 있었던 것이지요.

넓고 화려한 파리 거리의 비밀

잘 눈에 띄지 않을 뿐이지 도시 계획과 건축물 등에는 이런 사연이 숱하게 많습니다. 잘 알다시피 18세기 말부터 19세기 중반까지 프랑스 파리는 '혁명의 도시'였습니다. 이 때문에 파리에서는 유독 시위가 많았지요. 빅토르 위고(Victor M. Hugo)가 쓴 『레미제라블』에는 이 시기 혁명의 소용돌이 속에 휩싸여 있던 프랑스 사회의 모습이 잘 그려져 있습니다.

이런 내용 때문인지 소설에 묘사된, 좁은 골목에서 바리케이드를 치고 저항하는 '불쌍한 사람들(이것은 책 제목 Les Misérables의 원뜻입니다)'

의 모습은 아주 감동적입니다. 장
발장이 코제트가 사랑하는 마리우
스를 구하는 곳도, 마리우스를 짝
사랑한 에포닌이 목숨을 잃는 곳
도 바로 이 바리케이드이고요. 하
지만 아쉽게도 2월혁명(1848년) 이
후로 당시 바리케이드를 설치했던
파리의 좁은 골목을, 지금은 찾아
볼 수 없습니다. 다시는 바리케이

REPUBLIQUE FRANÇAISE.
Combat du peuple parisien dans les journées des 22, 23 et 24
Février 1848.

2월혁명(1848년) :
프랑스의 중소 부르주아지와 노동자 계급이 선거권 확대와 공화정 수립을
요구하며 일으킨 혁명이다.

드를 설치할 수 없도록 만든 넓은 간선도로가 파리 전역에 뚫렸기 때문입
니다. 그 당시 호된 시위를 겪은 경찰국장 오스망(George F. Haussman)의 주
도로 파리의 모습을 완전히 바꾼 대대적인 도시 계획의 결과였지요.

2월혁명을 지켜보며 '다시는 바리케이드 같은 걸 안 볼 수 있도록
파리를 만들겠다' 는 오스망의 다짐이 현실화된 것입니다. 이렇게 오스
망은 파리의 모습을 바꾼 공으로 자신의 이름을 딴 거리까지 갖게 됩니
다. (파리의 유명 백화점이 들어선 '오스망 거리' 가 바로 그곳입니다.) 넓고 화려한
파리의 거리에는 이렇게 불순한 정치적 의도가 숨어 있습니다.

비싼 기계를 도입해 일부러 손해를 본 사장

그럼 공장에서 사용하는 기계가 도입되는 과정은 어땠을까요? 얼른 생
각하기에는 생산력을 비약적으로 향상시켜주는 새로운 기계가 세상
에 선보이면, 공장을 경영하는 사장들이 너도나도 앞 다퉈 기계를 도

입했을 것 같습니다. 그 시기를 '산업혁명'이라고 부르는 것도 이런 급격한 변화를 염두에 둔 것입니다. 그러나 현실은 이보다 훨씬 더 복잡했습니다.

증기기관이 이미 18세기 중반에 실용화됐지만, 기계가 본격적으로 도입된 것은 그로부터 한참 뒤인 19세기 무렵입니다. 산업화가 맨 처음 시작된 영국만 하더라도 여성과 아동 노동자를 저렴하게 고용할 수 있었던 시절에는 사장들이 기계의 도입을 꺼렸다고 합니다. 값싸게 부려 먹을 수 있는 말 잘 듣는 노동자들이 넘쳐나는데 굳이 비싼 기계를 도입할 필요가 없었던 것이지요.

그들이 '큰마음 먹고' 본격적으로 기계를 도입한 시기는 공장법 (1833년)이 제정되어 여성과 아동 노동자의 임금이 올라간 19세기 후반부터입니다. 더 이상 여성과 아동 노동자를 값싸게 부려먹지 못하게 되자 어쩔 수 없이 기계를 도입한 것입니다. 기계가 생산력을 향상시키는지 여부는 사장들에게 첫 번째 고려사항이 아니었던 셈이지요.

이와 비슷한 예를 하나 더 살펴볼까요? 1880년대 미국 시카고에는 수확기 공장을 경영하던 사이러스 맥코믹(Cyrus McComick)이라는 사장이 있었습니다. 맥코믹은 그 당시 매우 큰돈이었던 50만 달러나 들여 시험가동도 제대로 거치지 않은 새로운 기계를 공장에 도입한 다음, 공장에서 일하는 노동자 일부를 해고했습니다.

여기서 흥미로운 대목이 있습니다. 맥코믹이 도입한 기계는 기존의 것보다 비용은 더 많이 들면서도 품질이 떨어지는 제품을 생산했습니다. 비용은 가능한 한 적게 들이고, 품질은 더 좋은 제품을 만들어야 할 경영자가 상식에 어긋난 행동을 한 셈입니다. 이 이해할 수 없는 행동의 비밀은 바로 맥코믹과 노동자의 사이가 좋지 않은 데 있었습니다.

기계를 도입할 무렵 맥코믹은 노동자들이 조직한 노동조합과 사사건건 대립하고 있었습니다. 맥코믹은 당장 손해를 보더라도 눈엣가시처럼 미운 노동자를 '제거'하고 싶었던 것입니다. 맥코믹의 의도대로 공장을 다니는 노동자 중에서 노동조합 활동을 제일 열심히 하던 이들이 해고됐습니다. 맥코믹은 원래 목적을 달성하자마자 새로 도입한 기계의 사용을 중단했습니다.

지금 우리가 만드는 과학기술에 얽힌 사연

이렇게 우리가 별 생각 없이 이용하는 과학기술의 산물(흔히 이것을 '인공물artifact'이라고도 부릅니다)들은 그것이 만들어지는 과정에서 아주 많은 사연을 담고 있습니다. 그 사연은 때로는 장애인에 대한 오래된 편견일 수도 있고(육교), 가난한 사람들이나 흑인에 대한 차별(뉴욕 주의 낮은 다리)일 수도 있습니다. 파리의 도시 설계 과정에서 나타나듯 국가 권력의 의도가 반영돼 있기도 하고, 사장과 노동자 사이의 갈등이 그 배경이 되기도 합니다.

자, 주위를 한번 둘러보십시오. 우리가 무심코 이용하는 버스와 지하철, 또 집이나 학교 곳곳에 있는 인공물에는 어떤 사연이 숨어 있을까요? 어쩌면 지금 이 순간에도 새로운 인공물을 만들어내기 위한 사연이 생겨나고 있을지도 모릅니다. 얼른 생각나는 최근의 반갑지 않은 예는 각종 범죄와 폭력을 막기 위해 도시 곳곳에 설치되고 있는 CCTV입니다.

최근에는 학교 폭력을 막아보려는 방편으로 교실에도 학생들을 감

CCTV :
CCTV는 감시통제 사회로 가는 첫걸음이다. 하지만 사생활 침해 논란에도 불구하고, 범죄예방에 효과가 있는 것으로 알려져 빠른 속도로 보급되고 있다.

시하기 위한 CCTV를 설치한다는 이야기가 들리니 답답할 따름입니다. 결국 CCTV를 도입하게 만든 것은 우리 스스로입니다. 이처럼 우리가 어떻게 하느냐에 따라 일상생활에서 접하는 인공물의 모습은 전혀 달라질 수 있습니다. 폭력 없는 사회, 폭력 없는 학교에서는 CCTV 같은 인공물이 결코 필요하지 않을 테니까요.

■ 한 걸음 더 : 장영희 교수의 완쾌를 기원하며

글머리에 장영희 교수 이야기를 했지요? 착한 사람에게는 불행이 겹쳐서 온다고 했던가요. 2004년에 그는, 3년 전에 이미 완치됐다고 생각한 암이 척추로 번졌다는 통보를 받았습니다. 그 때문에 강의도 그만둬야 했고, 문학 에세이도 더 이상 쓸 수 없게 됐습니다. 그러나 그는 절망만 하고 있지 않았습니다. 장애를 멋지게 극복해냈듯이, 2005년 3월부터는 암과 싸우면서 다시 강단에 섰습니다. 신문에 기고한 문학 에세이를 묶어 책으로 펴냈고, 영문학 전공을 살려 영어 시를 번역·소개하는 일도 하고 있습니다. 그가 오랫동안 우리 곁에서 따뜻한 이웃 사랑의 목소리를 들려주길 바랍니다.

:: 깊이 읽기

「기술은 정치를 가지는가」「우리에게 기술이란 무엇인가」, 송성수 엮음, 녹두, 1995.

■ '노동자 죽이기' 대작전

수치제어 공작기계의 도입 과정에서 확실히 알 수 있듯이 과학기술의 발전은 결코
우수한 것이 차례차례 등장하는 식으로 나타나지 않습니다. 특히 자본주의 사회에서 과학기술은
노동자를 통제하는 데 얼마나 도움을 줄 수 있는지에 따라서 선택되는 경우가 많습니다.
그 과정에서 노동자를 통제하는 데 도움이 안 되면 장점이 더 많은 기술이 폐기되기도 합니다.

혹시 공작기계에 대해 알고 계시나요? 공작기계는 기계나 기계 부품을 만드는 데 쓰입니다. 자신을 포함한 모든 기계를 제작하는 역할을 맡고 있으니 명실상부한 모든 기계의 '어머니'라고 불릴 만합니다. 20세기 중반 들어 이 공작기계는 큰 변화를 겪게 되는데요, 바로 이 글에서 살펴볼 수치제어(NC; numerical control) 형(形) 공작기계가 등장한 것입니다.

이 수치제어 공작기계가 등장하기 전까지 공작기계는 전적으로 노동자에 의해서 작동되었습니다. 시간이 흐르고 기술이 발달함에 따라 공작기계는 노동자가 큰 힘을 들이지 않고도 과거보다 훨씬 더 정밀하게 금속을 자르거나 깎을 수 있도록 개량되었지요. 그러나 공작기계가 숙련된 노동자의 통제를 받았다는 점에는 변화가 없었습니다.

1952년, 수치제어 공작기계가 등장하면서 이런 숙련 노동자의 지위는 크게 흔들립니다. 수치제어 공작기계는 설계도에 포함돼 있는 정보를 전기 신호로 변환해 금속을 자르거나 깎습니다. 노동자가 설계도를 보고 공작기계를 다뤄온 것과 비교하면 질적으로 다른 방식입니다. 한

39

세기 가까이 공작기계를 통제해온 노동자는 순식간에 '퇴출' 위기에 처하게 됩니다.

이렇게 공작기계가 자동화되는 과정을 살펴보면, 기술의 발전과정에 대해서 가지고 있던 생각이 다시 한번 굳어집니다. 제레미 리프킨(Jeremy Rifkin)이 이야기한 것처럼 '노동의 종말'을 향해서 자동화되는 방향으로, 기술이 단선적으로 발전하고 있다는 증거가 바로 수치제어 공작기계의 등장이라는 것이지요.

노동자를 배려한 또 다른 공작기계

수치제어 공작기계가 등장한 것과 거의 비슷한 시기에 녹음재생(record playback) 형(形)이라는 다른 방식의 공작기계가 나옵니다. 이 방식은 노동자가 금속을 깎거나 자를 때 공작기계가 작동한 정보를 저장(녹음)한 뒤, 나중에 똑같은 제품을 만들 때 저장된 정보대로 공작기계가 작동(재생)하도록 한 것입니다.

녹음재생 공작기계는 여전히 노동자의 통제를 받았습니다. 처음 제품을 만들 때는 노동자가 공작기계를 직접 작동하는 과정이 필수적이기 때문입니다. 아예 노동자가 필요 없는 수치제어 공작기계와 비교해보면 그 차이를 잘 알 수 있습니다. 게다가 이 녹음재생 공작기계는 프로그래머, 컴퓨터, 수학 없이도 작동이 가능했습니다.

녹음재생 공작기계는 도입할 때 수치제어 공작기계에 비해 큰 비용이 들지 않기 때문에 대기업보다는 한 번에 많은 투자를 할 수 없는 중소기업에 적합했습니다. 1971년까지 미국 금속산업의 83퍼센트가 중소기업이었다는 것을 염두에 두면 큰 인기를 누렸을 법합니다. 반면 수치제어 공작기계는 비용이 많이 들어, 중소기업에서는 도저히 감당할 수 없었습니다.

　장점은 또 있습니다. 녹음재생 공작기계는 큰 변경 없이도 여러 가지 제품을 만들 수 있었습니다. 매번 다양한 작업을 해야 하는 공작기계의 특성에 더 적합했지요. 정밀한 작업의 경우 오류가 자주 발생하는데요, 녹음재생 공작기계는 이렇게 오류가 발생했을 때도 금방 대처가 가능해 효율적이었습니다. 그러나 이 녹음재생 공작기계는 결국 역사 속으로 사라지고 맙니다. 대기업은 채택을 기피했고 중소기업은 아예 그 존재조차 알지 못했습니다. 이 녹음재생 공작기계의 흔적은 미국의 소설가 커트 보네거트(Kurt Vonnegut)의 『자동 피아노』에서나 찾아볼 수 있습니다. 그는 이 소설을 쓸 무렵, 이 기계를 개발한 '제너럴일렉트릭(GE)' 의 홍보실에서 일했다고 합니다.

'노동자 죽이기' 에 동원된 공작기계

그렇다면 GE와 같은 대기업은 왜 녹음재생 공작기계를 개발해놓고도 결국 외면했을까요? GE의 녹음재생 공작기계는 본격적인 생산에 들어가기도 전에 퇴출됐습니다. 그리고 10년 동안 연구 · 개발 · 홍보를 하는 데만 6,200만 달러의 비용이 들어간 수치제어 공작기계가 시장을 장악했습니다. 수치제어 공작기계가 이 녹음재생 공작기계보다 월등히 장점이 많았던 것일까요?

　물론 수치제어 공작기계도 장점이 있습니다. 일단 항공기의 형판을 대량으로 만드는 데는 이 기계가 우월한 능력을 발휘했습니다. 이 기계의 개발이 다름 아닌 공군의 주도로 이뤄진 것은 이 때문입니다. 당시 6,200만 달러라는 거액을 투자할 수 있었던 것도 공군이 그 배경에 버티고 있어서입니다. 당시 한창 부상하던 항공산업도 이 기계를 반겼습니다.

그러나 초기의 수치제어 공작기계는 단점이 한둘이 아니었습니다. 우선 녹음재생 공작기계와 비교했을 때 비용이 너무 많이 들었습니다. 작업 중에 발생한 오류를 제거하는 데도 매번 엄청난 비용이 들어갔습니다. 만약 공군이 뒤에 버티고 있지 않았더라면 수치제어 공작기계는 수지타산이 맞지 않아 개발 단계에서 곧바로 퇴출됐을 것입니다.

대다수 대기업들은 이런 단점에도 수치제어 공작기계를 선택했습니다. 그 이유는 바로 공작기계에 대한 노동자의 통제를 단번에 빼앗을 수 있었기 때문입니다. GE의 한 간부는 이렇게 말했습니다. "수치제어 공작기계는 그 통제권이 경영진으로 이동한다. 경영진은 더 이상 노동자에게 의존하지 않고도 기계를 사용할 수 있다. (……) 우리가 왜 그것을 선택하지 않겠는가."

1946년 GE 노동자의 파업을 비롯한 대기업의 심각한 노사 갈등은 수치제어 공작기계를 도입하는 결정적 배경이 되었습니다. 『포춘』과 같은 경제 잡지도 "노동자가 필요 없는 기계"라며 이 기계를 도입할 것을 부추겼습니다. 경영진은 노동자의 눈치를 볼 필요가 없는 수치제어 공작기계를 쌍수를 들며 환영했습니다.

배반당한 기대

녹음재생 공작기계 대신에 수치제어 공작기계가 도입되는 과정은 기술이 선택되는 데 경영진과 노동자의 대립 같은 사회적 요소가 큰 역할을 한다는 것을 잘 보여줍니다. 그렇다면 이렇게 수치제어 공작기계를 도입한 뒤 경영진의 희망사항은 과연 실현됐을까요? 수치제어 공작기계가 도입된 작업장의 현실은 이런 경영진의 기대와는 전혀 달랐습니다.

우선 노동자의 저항이 만만치 않았습니다. 대기업에서 수치제어 공작기계를 본격적으로 도입하기 시작하자 이 새로운 기계에 대항해서 노동자는 파업을 빌였습니다. 심지어 GE의 한 공장은 1965년 겨울 한 달 동안 폐쇄되기도 했고요. 노동자가 순종적이 되기는커녕 불필요한 노사 갈등만 증폭됐습니다.

수치제어 공작기계가 애초에 의도했던 효과를 내지 못하는 것은 더 큰 문제였습니다. 이 기계는 속도가 터무니없이 빨라서 제품을 만들어내는 동안 수많은 오류를 일으켰습니다. 버튼만 누르면 자기 스스로 작동하기는커녕 오류가 생기지는 않는지 세심하게 살펴야 했고, 더 나아가서는 오류를 매번 수정하는 데 더 큰 노력이 들어갔습니다.

상황이 이렇다 보니 작업장에서 노동자의 영향력은 여전히 컸습니다. 수치제어 공작기계가 스스로 작동하지 않고 수많은 오류를 일으키자 경영진은 불안감에 공작기계를 능숙하게 사용할 수 있는 노동자를 작업장에 계속 배치시켜야 했습니다. 이들은 작업 속도를 4분의 3 정도로 조절하는 식으로 경영진을 조롱했고, 경영진은 이들에게 오히려 더 높은 임금을 줘야 했습니다.

수치제어 공작기계가 도입된 작업장의 현실은 이런 경영진의 기대와는 전혀 달랐습니다.
노동자가 순종적이 되기는커녕 불필요한 노사 갈등만 증폭됐습니다.

과학기술 발전 방향, 마음먹기에 달렸다

수치제어 공작기계의 도입 과정에서 확실히 알 수 있듯이 과학기술의 발전은 결코 우수한 것이 차례차례 등장하는 식으로 나타나지 않습니다. 특히 자본주의 사회에서 과학기술은 노동자를 통제하는 데 얼마나 도움을 줄 수 있는지에 따라서 선택되는 경우가 많습니다. 그 과정에서 노동자를 통제하는 데 도움이 안 되면 장점이 더 많은 기술이 폐기되기도 합니다.

미국의 사회학자 쇼샤나 주보프(Shoshana Zuboff)는 정보통신 기술이 노동을 제거할 수도 있고, 노동의 능력을 향상시킬 수도 있다고 지적했습니다. 수치제어 공작기계가 전자라면, 녹음재생 공작기계는 후자가 되겠지요. 우리가 마음먹기에 따라서 작업장에 도입하는 기술 역시 전혀 다른 모습으로 바뀔 수 있습니다.

■ 한 걸음 더 : 힘센 과학기술, 어떻게 할까?

"몇 년 전만 해도 흑백 액정 화면에 별 다른 기능이 없는 휴대전화 단말기를 모두 사용했지만, 지금 쓰고 있는 휴대전화 단말기로는 사진도 찍고 음악도 들을 수 있잖아요. 이렇게 과학기술은 자연스럽게 좀더 편리한 방향으로 발전하는 게 아닐까요? 물론 그 과정에서 무기로도 사용될 수 있고 부작용도 있겠지만, 결과적으로는 긍정적인 방향으로요."

45

이 이야기에 고개를 끄덕이는 친구들이 꽤 있을 것입니다. 전 세계적으로 널리 쓰이는 IBM 컴퓨터가 단적인 예입니다. 1990년 대 초, 처음 컴퓨터를 집에 들여놓을 때와 비교하면 286, 386, 486, 펜티엄 하는 식으로 눈부신 발달을 거듭해왔습니다. 컴퓨터 통신 의 경우는 이보다 더 극적입니다. 전화선을 통해 연결하던 1990년 대 초반 무렵만 해도 너무 느린 속도 때문에 전화요금이 많이 나와 서 곤욕을 치렀던 적이 한두 번이 아닙니다. 불과 15년 전만 해도 인터넷은 물론 통신을 위한 전용선은 상상조차 할 수 없었으니까 요.

이처럼 우리 사회에 자리 잡은 과학기술 중에는 좀처럼 사회로 부터 영향은 받지 않는 반면에 사회에는 큰 영향을 끼치는 것들이 있 습니다. 불과 몇십 년 만에 현대인의 일상생활을 송두리째 바꾸고 있 는 정보통신 기술이 가장 대표적인 예가 되겠지요. 그러나 이런 경우 라도 해당 과학기술이 사회의 영향으로부터 완전히 벗어나 있는 것 은 아닙니다.

한 예로 원자력 발전의 경우에는 지난 몇십 년간 사회의 통제를 벗어나 있는 것처럼 보였습니다. 오죽하면 이것을 가리켜 '독재 기 술'이라고 불렀을까요. 그러나 1970년대부터 시작된 전 세계적인 반핵 운동은 원자력 발전을 뿌리째 흔들기 시작했습니다. 지금 원 자력 발전을 두고 '미래의 에너지'라고 생각하는 사람은 거의 없습 니다.

물론 원자력 발전은 예외적인 경우입니다. 대부분의 힘센 과학 기술로부터는 쉽게 그 권력을 빼앗아올 수 없습니다. 그래서 이제 막 태동하는 과학기술에 관심을 기울이는 게 중요합니다. 더 힘이

세지기 전에 따져보고 또 따져봐야 합니다. 그런 과학기술의 예로
는 생명공학을 꼽을 수 있겠지요.

∷ 깊이 읽기

「기계 설계에 있어서 사회적 선택」『우리에게 기술이란 무엇인가』, 송성수 엮음, 녹두, 1995.

냉장고 '윙윙' 거리는 소리에 얽힌 사연

전기냉장고와 가스냉장고의 한판 싸움에서 볼 수 있듯이 우리가 일상적으로 접하는 과학기술의
산물들이 꼭 기술적으로 우월하고 편리해서 '살아남은' 것은 아닙니다.
대기업과 중소기업 간 경쟁의 틈바구니 속에서 가스냉장고가 희생됐듯이, 우리가 사용하는 과학기술
인공물의 역사 속에는 복잡한 정치·경제·사회적 요인들이 얽히고설켜 있습니다.

혹시 냉장고의 '윙윙' 거리는 소리가 참 듣기 싫다는 생각을 해본
적은 없나요? 요즘에는 소리가 꽤 작아졌지만, 그래도 여전히
윙윙거리는 소리는 어쩔 수 없습니다. 앞으로도 이 소리는 계속 들어야
할 것입니다. 냉장고가 낮은 온도를 유지하는 데 꼭 필요한 과정에서
생기는 소리이기 때문입니다.

냉장고에는 냉매를 고온·고압으로 압축하는 '압축기'라는 전동기
가 있습니다. 이 냉매가 증발하면서 온도를 떨어뜨려 냉장고의 낮은 온
도를 유지하는 것이지요. 이렇게 냉매를 고온·고압으로 압축하는 과
정에서 반드시 진동이 발생합니다. 최근에는 진동·소음 방지 장치를
설치해 냉장고가 많이 조용해졌습니다만, 진동 자체가 존재하는 한 미
세한 소리는 날 수밖에 없습니다.

그런데 놀랍게도 한 100여 년 전에는 윙윙거리는 소리가 안 나는 냉
장고가 있었습니다. 이 냉장고는 우리가 쓰는 전기냉장고와 달리 '가
스'를 이용한 것입니다. 가스를 이용해 냉매(암모니아)를 가열한 뒤, 이
냉매를 이용해 냉장고의 낮은 온도를 유지하는 방식으로 작동됩니다.

또한 이 냉장고는 가스 불꽃을 점등하기 위한 시간 장치나 열 스위치를 제외하면 전동기 같은 것이 필요 없습니다. 당연히 '윙윙' 거리는 소리도 안 났겠지요.

가스냉장고와 전기냉장고의 한판 싸움

1920년대 들어 본격적으로 냉장고가 보급되면서 가스냉장고와 전기냉장고의 경쟁이 시작됐습니다. 먼저 가스냉장고의 사정부터 살펴볼까요? 가스냉장고는 윙윙거리는 소리가 안 나는 것 외에도 장점이 많았습니다. 이 냉장고는 매우 조용했을 뿐 아니라 작동 부품이 거의 없어 유지와 정비가 용이했습니다. 더구나 미국은 1920년대 중반까지만 해도 전기가 들어오는 집보다 가스가 들어오는 집이 훨씬 더 많았습니다. 에디슨의 백열등이 널리 보급되기 전에는 대다수 가정에서 가스등을 사용했다는 사실이 당시 미국의 사정을 잘 보여줍니다. 당연히 가스요금보다 전기요금이 비싼 지역이 훨씬 더 많았지요.

반면에 전기냉장고는 허점투성이였습니다. (지금 100년 전 이야기를 하고 있다는 것을 떠올려야 합니다.) 당시 전기냉장고는 가격이 매우 비쌌을 뿐만 아니라 전기요금도 지금과 비교할 수 없을 정도로 어마어마했습니다. 석 달가량 전기냉장고를 사용할 경우 냉장고 가격에 맞먹을 정도의 전기요금이 나왔으니까요.

덩치도 엄청나게 커서 대부분 지하실에나 설치할 수 있었고, 그러다 보니 이용하기도 여간 불편한 게 아니었습니다. 냉장고에서 물건을 넣고 꺼낼 때마다 일일이 지하실까지 내려가야 한다고 상상해보세요.

윙윙거리는 소리는 또 어떻고요? 지금과 비교할 수 없을 정도로 컸습니다. 오래되고 덩치 큰 냉장고 옆에서 잠을 잘 때는 지금도 윙윙거리는 소리 때문에 귀가 아플 지경입니다.

　상황이 이러했으니 소비자 입장에서는 선택의 여지가 없었습니다. 당연히 장점이 더 많은 가스냉장고를 선호하지 않았겠어요? 하지만 지금 미국을 비롯한 전 세계에서 널리 쓰이는 냉장고는 다름 아닌 전기냉장고입니다. 가스냉장고는 거의 자취를 감추었습니다. 정말 이상한 일입니다. 분명히 모든 면에서 장점이 더 많은 가스냉장고가 왜 전기냉장고에 밀려났을까요?

전기냉장고를 살린 대기업

당시 미국에는 우리나라의 삼성, LG와 같은 제너럴일렉트릭(GE), 제너럴모터스(GM), 웨스팅하우스와 같은 돈 많은 대기업들이 한창 승승장구하고 있었습니다. 특히 GE는 발전소부터 시작해 전등을 만드는 것까지 전기산업을 주도하는 대기업이었지요. 이들 대기업은 장점이 많은 가스냉장고를 외면하고 전기냉장고를 키우기로 마음먹습니다.

　GE를 비롯한 대기업들은 집집마다 보급될 가능성이 큰 냉장고 시장을 선점하면, 자연스럽게 전기 시스템이 가스 시스템을 퇴출시킬 수 있을 것으로 내다봤습니다. 이 때문에 전기산업을 더 크게 키울 수 있는 전기냉장고 시장은 이들 대기업으로서는 절대로 포기할 수 없었습니다. 앞으로 다가올 '빛의 제국'을 위해서 가스냉장고는 죽어야만 했던 거지요.

정말 이상한 일입니다. 분명히 모든 면에서 장점이 더 많은 가스냉장고가
왜 전기냉장고에 밀려났을까요?

이제 본격적으로 가스냉장고에 대한 대기업의 공세가 시작됐습니다. 이 기업들은 경쟁적으로 전기냉장고 개발에 막대한 자금을 쏟아 부으면서 가격을 내리고 성능을 개량했습니다. 물론 이 정도로 그치지 않았지요. 이들은 전국을 돌면서 대대적으로 냉장고를 홍보했습니다. 심지어 할리우드 스타들이 출연한 홍보 영상물을 만들어 상영하는 등, (아직 영화시대였던) 당시로서는 획기적인 홍보를 전개하기도 했습니다.

반면에 세르벨, 소르코와 같은 가스냉장고를 제조하는 중소기업들은 막대한 개발비를 제때 조달하지 못해 도중에 사업을 포기할 수밖에 없었습니다. 전기냉장고처럼 경쟁이 활발하지 못하니 가격, 기술 경쟁력도 갈수록 떨어졌습니다. 가스 서비스 회사들이 전기 서비스 회사의 공세에 제대로 대응하지 못한 것도 가스냉장고의 패배를 부추겼습니다.

결국 1940년대에 들어서면 미국 가정의 45퍼센트가 전기냉장고를 들여놓을 정도로 냉장고가 널리 보급됐고, 가스냉장고는 역사 속으로 사라지게 됩니다. 물론 국내에도 1960년대에 처음 전기냉장고가 도입돼 지금까지 널리 쓰이고 있습니다. 조용하고 고장도 적은 데다 심지어 비용까지 저렴한 가스냉장고 대신 전기냉장고를 선택하게 된 것이지요. 좀더 편리하고 기술적으로 우월한 과학기술의 산물(가스냉장고) 대신 전기냉장고가 최종 승자가 된 셈입니다.

만약 가스냉장고가 승리했더라면

지금 전기냉장고는 개량에 개량을 거듭해 김치냉장고, 화장품냉장고처럼 용도별로 나오는 등 생활에 꼭 필요한 가전기구가 됐습니다. 물론 윙윙거리는 소리도 100년 전과 비교할 수 없을 정도로 작아졌지요. 하지만 가스냉장고가 전기냉장고에 승리해 100년 동안 개량에 개량을 거듭했다면, 우리는 지금 훨씬 더 편리한 가스냉장고를 쓰고 있을지도 모릅니다.

전기냉장고와 가스냉장고의 한판 싸움에서 볼 수 있듯이 우리가 일상적으로 접하는 과학기술의 산물들이 꼭 기술적으로 우월하고 편리해서 '살아남은' 것은 아닙니다. 대기업과 중소기업 간 경쟁의 틈바구니 속에서 가스냉장고가 희생됐듯이, 우리가 사용하는 과학기술 인공물의 역사 속에는 복잡한 정치·경제·사회적 요인들이 얽히고설켜 있습니다.

■ 한 걸음 더 : '청소가 필요 없는 집'은 왜 안 만들어질까

역사 속을 뒤져보면 가스냉장고처럼 '잊혀진' 과학기술 인공물들이 가득합니다. 물을 사용하지 않는 위생 화장실은 어떤가요? 화장실에서 사용하는 물의 양이 얼마 안 된다고 생각할 수도 있습니다만, 물 한 방울도 아쉬운 건조지대에서는 사정이 다릅니다. 그런 지역에서 물을 사용하지 않는 위생 화장실이 널리 쓰이지 않는 것은 무슨 이유 때문일까요?

좀 엉뚱한 상상입니다만, 혹시 '청소가 필요 없는 집'을 상상해본 적이 있나요? 만약 집에서 어머니가 청소와 같은 가사노동을 전담하지 않았다면 청소가 필요 없는 집이 설계됐을지도 모릅니다. 실제로 집 안에 물길을 터 먼지가 쌓이는 것을 최소화하는 이런 집이 설계된 적이 있습니다. 물론 이 집 역시 주목을 받지 못하고 '잊혀진' 과학기술의 산물이 됐지만요.

: : 깊이 읽기

「어떻게 해서 냉장고는 윙윙하는 소리를 가지게 되었는가」 「우리에게 기술이란 무엇인가」, 송성수 엮음, 녹두, 1995.

그때 여자들이 바지를 입을 수 있었다면

긴 치마를 벗어 던질 수 없었던 여성이 앞바퀴가 작고 진동을 줄여주는 공기 타이어가 부착된
안전 자전거를 선호하지 않았더라면, 자전거는 지금과는 전혀 다른 모습일지도 모릅니다.
또 공기 타이어가 처음 설계 당시에는 고려하지 않았던 빠른 속도라는 효과를 낳지 않았더라면,
자전거에는 진동을 줄여주는 별도의 장치가 장착됐을 수도 있습니다.

고유가 시대가 지속되면서 새삼 석유를 연료로 쓰는 자동차 대신 내 몸에 축적된 에너지로 움직이는 자전거에 대한 관심이 높아지고 있습니다. 실제로 네덜란드, 독일, 영국, 프랑스 등에서는 자동차 대신 자전거를 일상적인 이동 수단으로 삼는 이들이 계속 늘어나고 있다고 합니다. 심지어 '자동차 왕국' 미국에서도 자전거 인구가 늘고 있다고 하니까요.

실제로 자전거는 지난 수천 년간 인류가 발명한 물건 중에서 가장 멋진 것으로 손꼽힙니다. 자전거가 뭐가 그리 대단하냐고요? 오늘날 자동차와 항공기 산업이 다름 아닌 자전거 산업에서 비롯됐다는 사실을 알고 나면 아마 자전거를 무시하지 못할 것입니다. 인류 최초로 비행기를 발명한 라이트 형제도 원래는 자전거를 생산하고 판매하는 일을 했지요. 물론 최초의 비행기 부품 대부분은 자전거 부품에서 나왔고요.

자전거 타기, '건강한 남성' 의 운동?

처음부터 자전거가 사람들에게 환영을 받았던 것은 아닙니다. 자전거가 막 발명된 18세기 후반만 하더라도 '자전거 반대자' 들이 꽤 많았던 모양입니다. 이들은 자전거가 마을을 통과할 때면 욕설을 퍼붓고, 돌멩이와 모자를 던지고, 심지어 지팡이로 바퀴를 찌르기도 했다고 합니다. 사실 초기 자전거는 오늘날과 비교했을 때 그 모양이 거부감을 줄 만했습니다.

오늘날 자전거는 다이아몬드 형태의 틀과 크기가 비슷한 두 바퀴를 가진 이른바 '안전 자전거(safety bicycle)' 입니다. 타이어는 공기를 넣은 고무로 된 것이고요. 그런데 18세기 후반에 처음 만들어진 자전거의 모양은 오늘날과는 전혀 딴판입니다. 앞바퀴는 뒷바퀴에 비해 터무니없이 높았고, 타이어도 오늘날과 같은 공기 타이어가 아니었습니다.

이렇게 앞바퀴가 높은 초창기 자전거는 일상적인 이동수단으로 쓰이기보다 승마와 마찬가지로 젊은 남성이 즐기는 스포츠로 선호되었습니다. 실제로 바퀴의 반지름이 커지면 동일한 각속도에서도 지면에 대한 전진 속도가 빨라집니다. 큼직한 앞바퀴가 길의 돌부리에라도 걸려 넘어진다면 운전자는 크게 다칠 위험이 있었고, 이 '위험' 은 초창기 자전거의 부작용이었던 셈이지요.

이런 사정 탓에 당시 자전거 타기는 '건강한 남성의 운동' 으

초창기 자전거 :
초창기 자전거 오디너리. 지금의 모습과는 달리 앞바퀴가 뒷바퀴보다 훨씬 크다.

로 인식되었습니다. 그렇다면 여성의 경우는 어땠을까요? 여성은 아직 자전거 타기의 고려 대상이 아니었습니다. 한 잡지는 자전거를 타고 싶어하는 어느 여성의 푸념에 이렇게 조언하기도 했답니다. "자전거를 교회에 가는 수단으로 사용한다면 신이 용서할 것입니다."

치마 길이가 자전거의 발전 방향을 결정했다

상황은 곧 반전됩니다. 많은 자전거 발명가와 생산자는 점점 여성을 자전거의 새로운 소비자로 주목하기 시작했습니다. 그러나 앞바퀴가 큰 자전거를 여성이 그대로 이용하기 위해서는 두 가지 문제점을 해결하는 것이 급선무였습니다. 이제 여성이 어떤 자전거를 선택하는지가 중요한 요소로 작용하게 된 것입니다.

우선 여성이 자전거를 탔을 때 안전을 보장하는 것이 큰 문제였습니다. 한쪽에서는 앞바퀴가 높은 자전거에 별도의 안전장치를 부착했습니다. 다른 한쪽에서는 아예 앞바퀴의 높이를 상대적으로 낮춘 오늘날의 안전 자전거와 비슷한 모양으로 설계를 변경하는 쪽을 택했습니다. 또 다른 중요한 변수는 바로 여성의 치마 길이였습니다. 당시만 하더라도 여성은 아주 긴 치마를 입어야 하던 때였습니다. 긴 치마를 입고 앞바퀴가 높은 자전거를 운전하는 것은 여러모로 불편했습니다. 따라서 앞바퀴가 높은 자전거의 경우에는 긴 치마를 입은 여성을 위한 별도의 장치를 마련해야 했습니다.

반면 앞바퀴를 낮추면 긴 치마를 입은 여성도 비교적 쉽게 자전거를 운전할 수 있었습니다. 결국 1898년에 이르러 자전거는 오늘날과 같은 안전 자전거의 형태를 갖추게 됩니다. 여성의 이해관계가 결국 자전거의 발전 방향을 정한 것입니다. 만약 당시 여성들이 바지를 입더라도 도덕적으로 큰 비판을 받지 않았다면, 오늘날 자전거의 모습은 다르게 바뀌었을지도 모릅니다.

모두가 싫어한 공기 타이어가 선택된 까닭

타이어 역시 마찬가지입니다. 처음 공기 타이어는 진동을 줄이기 위한 수단으로 자전거에 도입됐습니다. 그러나 자전거가 아직 과격한 운동을 즐기는 남성의 전유물이었을 때는 공기가 든 고무 타이어는 불필요했습니다. 남성 자전거 운전자들은 진동을 전혀 문제라고 생각하지 않았으니까요.

상당수 기술자에게도 공기 타이어는 골칫덩어리였습니다. 당시 기술로는 고무 타이어 안에 공기를 넣은 후, 그 상태를 계속 유지하기가 쉽지 않았거든요. 또 공기 타이어는 길에서 미끄러지는 경우가 많았습니다. 이때 기술자들이 자전거의 진동을 줄이기 위한 장치를 경쟁적으로 개발한 것도 이런 사정 탓입니다.

한편 대중들도 공기 타이어를 반기지 않았습니다. 외양이 멋지지 않았기 때문입니다. 당시 대중의 반응을 살펴볼까요.

신문 배달 소년은 소시지처럼 생긴 타이어를 보고 큰소리로 웃는다. 아가씨는 그 자전거를 탈까말까 망설인다. 제 정신을 가지고 있는 사람조차도 공기 타이어가 일상생활의 우울함을 덜어줄 목적으로 우습게 설계된 것이라고 생각한다.

공기 타이어에 대한 이런 불만은 전혀 다른 식으로 해결됐습니다. 공기 타이어가 자전거의 속도를 빠르게 하는 데 크게 기여한 것입니다. 특히 당시 막 유행하기 시작한 자전거 경주에서 공기 타이어를 장착한 자전거가 그렇지 않은 경쟁자를 훨씬 앞지르자 그것을 혐오하던 대중도 공기 타이어에 열광했습니다. 앞바퀴가 높은 자전거에 비해 상대적으로 느린 안전 자전거에 공기 타이어를 부착하기로 합의가 이뤄진 것입니다.

과학기술, 협상의 결과물

1903년 7월 1일, 현재까지 103년째 이어져 오고 있는 '투르 드 프랑스(Le Tour de France, 프랑스 일주를 뜻함)' 의 첫 경기. 당시 노동자 월급의 60배에 해당하는 상금 9,000프랑을 거머쥐기 위해 참가한 60명의 선수들은 "인체에 부담을 주는 죽음의 경기"라는 의사의 경고에도 불구하고 자전거와 한몸이 되어 총 2,388킬로미터를 달렸습니다. 물론 그들의 자전거는 공기 타이어를 장착한 안전 자전거였지요.

자전거의 초기 역사를 살펴보면 한 가지 중요한 사실을 알 수 있습니다. 안전 자전거는 앞바퀴가 높은 자전거와 비교했을 때 기술적으로 더 효율적이고 우월해서 살아남은 게 아닙니다. 안전 자전거는 자전거를 둘러싼 다양한 이해를 가진 집단이, 당시의 자전거가 가지고 있던 장단점을 서로 다르게 파악하면서 그 해결책을 내놓는 과정에서 합의된 결과물일 뿐입니다.

긴 치마를 벗어 던질 수 없었던 여성이 앞바퀴가 작고 진동을 줄여주는 공기 타이어가 장착된 안전 자전거를 선호하지 않았더라면, 자전거는 지금과는 전혀 다른 모습일지도 모릅니다. 또 공기 타이어가 처음 설계 당시에는 고려하지 않았던 빠른 속도라는 효과를 낳지 않았더라면, 자전거에는 공기 타이어 대신 진동을 줄여주는 별도의 장치가 장착됐을 수도 있습니다. 이렇게 자전거의 역사는 과학기술이 처음 출현할 때 관심을 가지고 목소리를 내는 것이 얼마나 중요한 일인지 잘 보여줍니다.

생각해보세요. 휴대전화 단말기가 처음 나왔을 때, 번호를 누르는 데 서툰 40대 이상의 이해가 많이 반영됐더라면 휴대전화 단말기가 오늘날과 같은 모습으로 발전했을까요? 세상에 이런 예가 얼마나 많은지 주위를 한번 둘러보십시오.

■ 한 걸음 더 : 자전거, 무시하지 말자!

아직도 자전거를 무시하는 친구들이 있을 것 같아서 한두 가지 이야기를 덧붙입니다. 100킬로칼로리의 열량을 소모할 때 자전거는 평균 4,800미터를 갈 수 있습니다. 그러나 자동차가 갈 수 있는 거리는 고작 85미터에 불과합니다. 자전거는 자동차와 비교할 수 없을 정도로 대단히 효율이 높은 도구입니다.

요즘 대도시의 도심에서 자동차가 낼 수 있는 속도라고 해봤자 고작 시속 10~20킬로미터 정도에 불과합니다. 자전거를 웬만큼 타는 사람의 경우 시속 28킬로미터는 우습게 낼 수 있습니다. 단순히 속도만 놓고 보더라도 도심에서는 자동차보다 자전거를 타고 다니는 게 훨씬 더 효율적입니다. 자동차 때문에 생기는 여러 가지 문제를 염두에 두면 더 말할 필요도 없지요.

:: 깊이 읽기

「자전거의 변천과정에 대한 사회구성주의적 해석」『과학기술은 사회적으로 어떻게 구성되는가』, 위비 바이커·존 로·토마스 휴즈 지음, 송성수 옮김, 새물결, 1999.

두 문화? 어떻게 화해할 수 있을까

지금 양쪽 분야의 지식인들이 머리를 맞대고 해결해야 할 문제는 바로 '돈 타령'만 하는 한국 사회,
더 넓게는 자본주의 사회의 문제점을 어떻게 극복할지 지혜를 모으는 것입니다.
바로 이렇게 지혜를 모으는 과정에서 두 문화 간의 교류는 더욱더 활발해질 수 있을 테고,
궁극적으로 스노가 제기했던 두 문화 문제도 극복이 가능하지 않을까요?

인문계 고등학교를 다닌 이들이라면 누구나 문과와 이과 사이에서 갈등을 겪게 됩니다. 대학을 들어갈 때 한 번 더 고민할 기회가 있습니다만, 문과와 이과의 교육과정이 서로 다르다 보니 과와 무관한 전공을 선택하기란 쉽지 않습니다. 아직 법적 성인이 되기도 전인 만 열여섯 살에 한국의 청소년들은 일생을 좌지우지할 중요한 결정을 내려야 합니다.

이렇게 중대한 결정을 내리는 과정에서는 무엇보다 적성이 우선시되어야겠지만, 실상은 그렇지 못합니다. 적성과 상관없이 대개는 국어, 영어, 수학 성적이 문과와 이과를 지원하는 큰 잣대가 됩니다. 누가 봐도 적성은 이과에 있는데, 낮은 수학 성적 때문에 문과를 지원하는 학생을 지켜보며 안타까울 때가 많았습니다.

문과, 이과로 나눠진 뒤에는 일부 예외를 제외하면 상대방 영역의 내용을 접하기가 쉽지 않습니다. 문과를 지원해 인문학, 사회과학을 공부한 친구는 최신 과학이론을 알기 어렵고, 이과를 지원해 자연과학, 공학을 공부한 친구는 소설이나 철학에 심취하기가 쉽지 않습니다. 동

시대를 살아가면서도 서로의 분야에 무지하고 무관심한 상태가 되는 것이지요.

스노의 낡은 '두 문화'

1959년 5월 7일, 케임브리지 대학에서 열린 C. P. 스노(Charles Percy Snow)의 강연이 큰 화제가 됐습니다. 이 강연의 제목은 '두 문화와 과학혁명'이었습니다. 그는 이 강연 내용을 다시 『두 문화』라는 책으로 엮어 펴냅니다. 그가 말하는 두 문화는 바로 '인문과학'과 '자연과학'입니다.

　최근에도 인문·사회과학계와 자연과학·공학계 간의 무지, 반목을 가리키는 말로 널리 쓰이는 '두 문화(the two cultures)'라는 말은 이렇게 탄생했습니다. 스노는 대학에서 물리학을 전공한 과학자이면서, 20대 때는 소설을 발표한 작가이기도 했습니다. 경력만 놓고 보면 두 문화 현상을 정식으로 제기하기에 적임자였던 셈입니다.

　흔히 『두 문화』를 읽어보지 못한 사람은 이 책을 통해 스노가 두 문화 현상의 문제점을 '중립적인' 위치에서 지적한 것으로 오해하곤 합니다. 실제로 책을 읽어보면 스노가 문제 삼고자 한 것은 당시 세계를 경영하던 인문·사회과학계 지식인의 과학기술에 대한 무지였습니다.

C. P. 스노 :
영국의 작가이자 과학자. 1959년 케임브리지 대학의 리드 강연에서 '두 문화'라는 말로 과학과 인문학 사이의 괴리를 처음 이야기했다.

그 스스로 소설가이기도 했던 스노가 인문·사회과학계의 지식인을 겨냥한 이유는 무엇일까요?

스노는 당시 눈부시게 발전하는 '과학혁명'의 성과가 전 세계로 확산되지 못하는 것에 큰 안타까움을 느꼈습니다. '미국, 유럽 등은 과학기술의 도움을 받아 풍요의 시대로 진입했는데 나머지 대다수 지역은 여전히 빈곤의 시대를 벗어나지 못했다. 그 이유는 무엇인가.' 그는 그 이유를 바로 인문·사회과학계 지식인들이 과학에 대해 무지하다는 데서 찾았습니다.

50년 가까이 지난 지금에 와서 돌아봤을 때, 스노의 이런 주장은 아무래도 낡아 보입니다. 스노는 과학기술 덕분에 대부분의 지역이 빈곤에서 벗어날 것으로 생각했지만, 현실은 정반대로 진행됐습니다. 그때 가난한 나라의 대부분은 (한국과 같은 예외를 제외하면) 지금도 여전히 가난할 뿐만 아니라 심지어 부자 나라의 한쪽에서도 가난한 사람이 넘쳐나기 때문입니다.

세계에서 가장 유명한 농부, 조제 보베

여기서 조제 보베(Jose Bove)라는 프랑스 농부 이야기를 잠깐 하겠습니다. 그는 1999년에 프랑스의 한 지방 맥도날드 매장 공사 현장에 트랙터를 몰고 들어갔다 구속되면서 전 세계에 이름이 알려졌습니다. 그는 맥도날드가 미국의 힘을 등에 업고 전 세계 경제·사회·문화를 미국식으로 바꾸려는 흐름을 상징하는 존재라고 간주하고, 이와 같은 직접 행동으로 항의 표시를 했습니다.

보베는 이미 프랑스에서는 유전
자 조작 농산물을 반대하는 사람으로
잘 알려져 있습니다. 그는 (마치 트랙터
를 타고 맥도날드를 '공격' 했듯이) 유전자
조작 농산물 재배 농장을 파괴하는
바람에 여러 차례 감옥에 가기도 했
습니다. 유럽의 경우 경비원은 물론
생물학자까지 나서서 농장을 지키기
위해 총을 들고 밤을 샌다고 합니다.

조제 보베 :
프랑스의 대표적인 반세계화 운동가. 1999년 맥도날드 매장 해체
사건과 유전자 조작 농작물 재배 농장 파괴 사건 이후 반세계화의
상징적 인물로 주목을 받았다.

유전자 조작 농산물을 연구하는 생물학자 입장에서 보면 보베는
'재앙 같은 존재' 입니다. 재미있는 것은 그의 아버지와 어머니가 모
두 생물학자라는 사실입니다. 특히 그의 아버지는 유전자 조작 농산
물을 통해 식량 문제가 해결될 것이라고 굳게 믿는, 프랑스를 대표하
는 유명한 생물학자입니다. 아버지와 아들이 정반대의 길을 걷고 있
는 셈이지요.

이런 부자 사이의 갈등은 지금의 식량 문제를 보는 시각 자체가 전
혀 다른 데서 비롯됐습니다. 과연 세계는 식량이 부족해서 굶어 죽는
사람이 생기는 것일까요? 현실은 정반대입니다. 놀라지 마십시오. 굶
어 죽는 국민이 가장 많은 방글라데시, 인도, 아프리카 등지의 나라들
은 다름 아닌 식량 '수출국' 입니다.

2억 명의 국민이 굶주리는 인도는 1995년 주식인 밀(밀가루)을 총 6억
2,100만 달러(약 6,210억 원), 쌀은 13억 달러(약 1조 3,000억 원)어치나 수출했
습니다. 이처럼 세계는 식량이 부족하지 않습니다. 전 세계에서 생산되
는 곡물은 전 세계 사람들에게 하루 3,500칼로리의 영양을 공급할 수 있

는 양입니다. 이 정도면 거의 모든 사람을 비만으로 만들 수 있습니다.

이렇게 식량이 넘쳐나는데도 사람들이 굶주리는 이유는 무엇일까요? 바로 식량의 분배가 제대로 이루어지지 않고 있기 때문입니다. 세계에서 가장 풍요로운 나라인 미국에서 전 국민의 20.1퍼센트가 굶주림에 시달리고 있는 것이 그 단적인 예입니다. 이제 보베가 아버지의 길에 동참하지 않는 이유를 짐작하겠지요?

보베는 아버지와 달리 유전자 조작 농산물을 만들어 생산량을 늘리기보다는 불평등한 식량분배 구조를 개선하는 것이 더 시급하다고 생각합니다. 아마 보베는 과학혁명을 통해 빈곤을 타파할 수 있을 것이라고 기대했던 스노에게도 이렇게 조언할 것입니다. "이봐, 과학기술이 만병통치약은 아니라네."

이공계 위기가 두 문화 때문이라고?

스노의 주장은 이렇게 시대적 한계를 갖고 있었습니다. 그러나 여전히 그가 제기한 두 문화 현상은 큰 문제로 주목받고 있습니다. 특히 국내에서는 학생들이 이공계를 기피하게 된 배경에 바로 이 두 문화 현상이 있다는 분석이 나오기도 했습니다. 한국을 경영하는 인문·사회과학계 지식인들이 과학의 중요성을 간과한 탓에 이공계의 위기가 생겨났다는 것이지요.

50년 전 스노가 했던 주장을 다시 보는 듯한 이런 분석은, 깊이 들어가 따져보면 허술하기 짝이 없습니다. 학생들이 이공계를 기피하기 수년 전부터 인문학을 기피해온 현상은 어떻게 봐야 할까요? 얼마나 인문학 기피 현상이 심각했는지 2006년 9월 26일에는 내로라하는 대학 교수들이 '인문학 위기 선언'을 하기도 했으니까요.

그렇습니다. 최근에 떠오른 이공계의 위기는 자연과학·공학이 인문·사회과학보다 홀대받아서 생긴 것이 아닙니다. 친구들이 더 잘 알고 있듯이 오늘날 많은 학생들이 (또 그들의 부모들이) 경영학, 법학, 의학 등을 선호하는 이유는 바로 그 학문 분야들이 장래에 더 좋은 돈벌이를 보장해주기 때문입니다.

이런 현실을 염두에 두면 오히려 스노가 경고했던 두 문화 문제를 극복하기 위해서는 전혀 다른 해법이 필요한 듯합니다. 인문·사회과학계와 자연과학·공학계 양쪽 모두 위기에 처해 있는 게 현실이라면, 그 위기의 원인과 해법을 찾는 데 머리를 맞대야 할 것입니다. 둘 다 죽기 직전의 상황에 처했는데 서로 싸우는 데만 열중한다면 그보다 더 어리석은 일이 어디 있겠습니까?

지금 양쪽 분야의 지식인들이 머리를 맞대고 해결해야 할 문제는 바로 '돈 타령'만 하는 한국 사회, 더 넓게는 자본주의 사회의 문제점을 어떻게 극복할지 지혜를 모으는 것입니다. 바로 이렇게 지혜를 모으는 과정에서 두 문화 간의 교류는 더욱더 활발해질 수 있을 테고, 궁극적으로 스노가 제기했던 두 문화 문제도 극복이 가능하지 않을까요?

■ 한 걸음 더 : 미국인의 20퍼센트가 굶주린다고?

가끔 미국인의 20퍼센트가 굶주리고 있다는 이야기가 믿기지 않는다는 분이 있습니다. 미국 농무부의 보고에 따르면, 2002년에 무려

1,200만 세대가 돈이 없어 끼니를 구하지 못할까봐 걱정을 했고, 그
중 32퍼센트인 380만 세대가 배고픔을 겪고 있다고 합니다. 한 세
대를 4인으로 친다면 약 4,800만 명이 굶주림에 노출돼 있는 셈입
니다. 이는 미국 인구 2억 4,000만 명의 20퍼센트에 이르는 수치입
니다.

　실제로 세계 최고의 부자 나라인 미국에서 빈민들을 위한 식료
품 기부소와 무료 급식소가 위험한 비율로 증가하고 있습니다.
2001년 미국에서 가장 큰 민간 기아구호기구와 그 관련 단체들은
미국인의 10퍼센트 정도에 해당하는 약 2,100만 명을 먹였습니다.
이런 사정을 들여다보면 "우리는 세계를 먹여 살릴 수 있지만 정작
우리 자신은 못 먹여 살린다"라는 한 미국인의 한탄이 절로 실감납
니다.

: : 깊이 읽기

『두 문화』, C. P. 스노우 지음, 오영환 옮김, 사이언스북스, 2001.
『굶주리는 세계: 식량에 관한 열두 가지 신화』, 루이스 에스빠르사·조지프 콜린스·프란시스 무어 라페·피
터 로셋·식량과발전정책연구소 지음, 허남혁 옮김, 창비, 2003.
『세계는 상품이 아니다: 세계화와 나쁜 먹거리에 맞선 농부들』, 조제 보베·질 뤼노·프랑수아 뒤푸르 지
음, 홍세화 옮김, 울력, 2002.

외계인을 만나서
제일 먼저 묻고 싶은 것

칼 세이건이나 브라이언 마틴이 말하고 싶은 것은 명백합니다. 우리가 어떤 사회,
또 어떤 지구를 만들어가려고 노력하느냐에 따라서 과학기술의 모습은
크게 달라질 수 있습니다. 루카스 항공, 쿠바의 경험은 그 좋은 보기입니다.
민주주의, 인권, 환경, 더불어 사는 삶과 어울리는 과학기술이 등장하는 것은 단지 꿈에 불과할까요?

혹시 「콘택트」(로버트 저메키스 감독)라는 영화를 본 적이 있나요? 칼 세이건(Carl E. Sagan)의 소설 『콘택트』를 원작으로 한 이 영화는 개인적으로 가장 좋아하는 SF 영화입니다. 여기서는 외계 생명체와 인류의 만남을 소재로 한 이 영화에서 가장 인상 깊었던 대목을 소개하면서 이야기를 시작하겠습니다.

외계 생명체를 만나는 중요한 임무를 맡게 된 주인공 앨리는 그들을 만나자마자 이렇게 묻고 싶었다고 고백합니다. "당신들은 어떻게 자멸하지 않고 문명을 오랫동안 지속할 수 있었나요?"

앨리의 이 물음은 여러 가지 생각할 거리를 던져줍니다. 우리는 과연 이 지구를 스스로 파괴하지 않고 계속 더 나은 세상으로 만들 수 있을까요?

콘택트 :
1997년 개봉된 이 영화는 세계적인 천문학자이자 저술가인 칼 세이건의 동명 소설을 영화화한 것이다.

우리는 과연 이 지구를 스스로 파괴하지 않고 계속 더 나은
세상으로 만들 수 있을까요?

누가 지구를 대변해줄까?

칼 세이건의 대표작 『코스모스』는 알쏭달쏭한 제목의 장으로 끝을 맺고 있습니다. '누가 우리 지구를 대변해줄까?'

이 제목의 뜻을 알기 위해서는, 이 책이 미국과 구소련을 중심으로 두 편으로 나뉘어 서로 대립하던 1980년에 씌어졌다는 것을 염두에 둬야 합니다. 이른바 '냉전'이 진행 중이었지요. 이 냉전은 그로부터 10년 정도 후인 1980년대 말과 1990년대 초에 구소련을 비롯한 사회주의 국가들이 차례로 붕괴되면서 미국을 위시한 자본주의 국가들의 승리로 마무리됩니다. 그러나 1980년 세이건이 『코스모스』를 쓸 때만 해도 냉전이 언제 끝날지 아무도 장담힐 수 없는 상황이었습니다.

이 때문에 양 진영은 전쟁을 억제한다는 이유로 핵폭탄을 포함한 각종 무기를 개발하는 경쟁에 한창 몰두하고 있었습니다. 상대보다 더 강한 핵폭탄을 가지고 있다는 것을 보여줘야만 상대가 함부로 도발하지 않는다는 논리였지요. 당시 미국과 소련은 단 한 발로 한 나라를 초토화할 수 있을 정도의 핵폭탄을 가지고 있었습니다.

세이건은 바로 이런 상황이 아주 답답했던 모양입니다. 자칫하면 지구가 송두리째 날아갈 수도 있는 '핵폭탄의 인질'이 된 인류의 미래가 암담했던 것입니다. 그는 다음과 같은 질문을 던집니다. "지구와 인류의 생존 문제를 우리 자신이 걱정하지 않는다면 도대체 누가 이 문제를 해결해줄 것인가? 우리가 나서서 지구의 입장을 대변해야 한다."

다행히 핵전쟁의 위험은 과거보다 훨씬 낮아졌습니다. 그러나 여전히 지구를 수백 번 거듭 절멸시킬 수 있는 양의 핵폭탄이 미국과 러시아를 비롯한 세계 곳곳에 남아 있습니다. (최근에는 북한이 핵실험을 감행해

71

칼 세이건 :
세계적인 천문학자이자 대중과학 저술가. 여러 저작들을 통해 우주의 신비를 아름다운 언어로 풀어쓰며 과학의 대중화에 앞장서 왔다.

그 대열에 동참하고 말았습니다.) 지금 시카고 대학의 세계종말시계는 핵전쟁으로 인류가 공멸하는 자정 7분 전을 가리키고 있습니다.

세이건은 이 책에서 결론적으로 다음과 같은 주장을 펼칩니다. "많은 나라들이 무기 개발에 경쟁적으로 기울이고 있는 노력을 인류의 우주 탐험 노력으로 전환하자." 이런 제안의 배경에는 핵폭탄을 날려 보내는 데 쓰일 수 있는 로켓이 우주선을 발사하는 데 쓰일 수 있다는 사실을 염두에 둔 것

입니다. 전쟁을 수행하기 위해 개발된 여러 가지 과학기술의 성과를 우주 탐험과 같은 목적에 사용한다면 세상이 훨씬 더 평화로울 수 있을 것이다, 이게 바로 세이건의 생각이었습니다. 우주과학자였던 세이건은 우주 탐험을 이야기했습니다만, 인류가 공동으로 극복해야 할 문제는 그뿐만이 아닙니다.

헐벗고 굶주린 이웃을 돕는 것, 전 지구적인 환경문제를 해결하는 것, 에이즈(AIDS, 후천성면역결핍증)·결핵·말라리아와 같은 질병을 퇴치하는 것, 광우병·조류 인플루엔자(AI; avian influenza)와 같은 새로운 전염병을 막는 것 등등. 이 모든 문제는 서로 으르렁대기만 해서는 절대로 해결할 수 없는 것입니다. 온 인류가 함께 지혜와 힘을 모아야 비로소 해결이 가능하겠지요.

루카스 항공 노동자의 위대한 실험

인류가 지혜와 힘을 모아서 세상을 바꾸기 위해 노력할 때, 과학기술의 모습은 어떻게 달라져야 할까요? 영국의 루카스 항공이 1970년대에 보여주었던 실험은 그 좋은 보기입니다. 루카스 항공은 이미 1960년대 말에 소리의 속도로 나는 콩코드 비행기의 엔진을 개발한 회사로, 전투기 엔진을 전문으로 만들던 곳이었습니다.

1969년 이 회사의 노동자들은 큰 위기에 직면합니다. 경영 합리화 계획의 일환으로 6만 명에 달하는 노동자가 해고될 위기에 처한 것입니다. 이런 상황에서 루카스 항공의 노동자들은 좌절하기는커녕 스스로 전투기 엔진이 아닌 '사회적으로 유용한' 다른 것을 만들어볼 계획을 세웁니다.

그들은 우선 자신의 능력, 사용 가능한 장비 등을 자세히 적은 180여 통의 편지를 대학, 연구소, 노동조합, 시민단체 등에 보냅니다. 이 편지에는 이런 질문이 적혀 있었습니다. "사회 전체적으로 이익이 되는 상품 중에서 우리의 능력과 장비를 통해 제작할 수 있는 것은 무엇입니까?"

곧바로 답변이 쇄도했습니다. 루카스 항공 노동자들은 이 답변을 토대로 온갖 상품을 만들어냅니다. 저렴한 의료기구, 태양열을 모으는 장비, 연료가 적게 드는 엔진, 노동자가 조종하는 로봇, 도로·철도 겸용 버스 등 인권과 환경, 지역사회의 필요를 고려한 제품이 쏟아져 나왔습니다. 사람을 죽이는 과학기술은 마술처럼 사람을 살리는 기술로 탈바꿈했습니다.

하지만 루카스 항공의 실험은 결국 실패로 끝이 납니다. 역사상 가장 보수적이라고 평가받는 영국의 마거릿 대처(Margaret H. Thatcher)가 이끄는 보수당 정권이 들어선 1979년에 이르러 더 이상 버틸 수 없게 된 것입니다. 그들이 만든 상품을 상용화하지 않으려 한 경영진의 훼방도 한몫했고요. 이런 실패에도 루카스 항공의 실험은 지금 당장 '다른' 과학기술이 가능함을 보여준 좋은 예입니다.

'다른' 과학기술이 구현되는 쿠바

오스트레일리아의 사회학자 브라이언 마틴(Brian Martin)은 이렇게 주장합니다. "우리가 어떤 가치에 기반을 둔 사회를 만들어갈지 노력하는가에 따라서 과학기술의 모습은 전혀 달라질 수 있다." 예를 들어 '평화'라는 가치에 기반을 둔 사회는 심지어 적대국의 도발에 대응하기 위해서라도 전혀 다른 방식의 과학기술을 발달시킵니다.

우선 인터넷과 같은 분산적인 커뮤니케이션 수단이 훨씬 더 발달하게 됩니다. 왜냐하면 텔레비전과 같은 집중적인 커뮤니케이션 수단은 적의 공격 위협에 아주 취약하기 때문입니다. 전쟁이 날 때마다 방송국이 가장 먼저 공격받는 것을 떠올려보면 쉽게 이해할 수 있습니다.

에너지를 생산하고 공급하는 방법도 전혀 다를 수밖에 없습니다. 화력 발전소, 원자력 발전소와 같은 몇몇 곳의 대규모 발전소에서 전기를 생산해 전국의 공장과 가정에 내보내는 방식은 적합하지 않습니다. 주요 발전소 몇 곳이 적의 공격으로 훼손되면 그 나라는 금방 아수라장이 되고 말 테니까요. 더구나 원자력 발전소는 폭격을 받으면 그 자체로 핵폭탄이 될 수도 있습니다.

이런 이유로 태양 에너지나 풍력 에너지처럼 지역에 기반을 둔 소규모의 재생 가능 에너지가 널리 쓰일 수밖에 없습니다. 각 마을, 각 가정에서 태양 에너지나 풍력 에너지를 통해 전기를 만들어 쓰는 나라는 웬만한 위협에도 끄떡하지 않고 버틸 수 있을 것입니다. 설사 석유·천연가스 등의 공급이 중단되더라도 말입니다.

식량 역시 각 지역에서 자급자족하는 식으로 변합니다. 왜냐하면 대규모로 농사를 짓다가 그 땅이 훼손되기라도 하면 그 나라는 꼼짝없이 굶어죽어야 할 운명에 처하기 때문입니다. 석유 공급이 차단되면 생산지에서 소비자들에게 식량을 운반하는 것도 큰 문제입니다. 결국 가능한 한 식량을 자체적으로 해결하려는 노력이 필요합니다.

너무 이상적이라고요? 현실에 이런 예가 없는 게 아닙니다. 북한과 함께 사회주의를 고수하고 있는 쿠바가 바로 이런 나라의 한 예입니다. 쿠바는 1990년대 들어 현실 사회주의 국가들이 줄줄이 몰락함에 따라 든든한 후원자를 잃게 됩니다. 설사가상으로 미국은 경제 봉쇄를 가해 안 그래도 숨이 차 헐떡이는 쿠바의 숨통을 끊으려 했습니다.

이때부터 쿠바는 '어쩔 수 없이' 변하게 됩니다. 도시의 공터, 뒤뜰, 텃밭 등 그때까지 개발의 그늘에 숨어 있던 모든 땅이 먹을 것을 생산하는 '어머니'로 재발견되었습니다. 척박하고 지력이 약한 땅에는 벽돌, 슬레이트, 폐 건자재를 쌓은 후 유기질의 흙을 담은

쿠바의 유기농 도시 농장 :
미국의 경제 봉쇄로 농약이나 비료를 들여오지 못하자 전 농토를 유기농으로 전환시키고 있다.

양육판을 만들었습니다. 농촌에 의존하던 도시가 스스로 먹을거리를 생산하게 된 것입니다.

한적한 쿠바 시골마을의 허름한 집에도 지붕에는 태양광 발전기가 설치돼 있습니다. 마을마다 소규모의 풍력 발전기도 눈에 띕니다. 석유 수입이 차단돼 석유 공급이 기존의 50퍼센트 수준으로 떨어지자 그 대응으로 소규모 태양 에너지, 풍력 에너지를 도입한 것입니다. 그 결과 쿠바는 풍족하지는 않지만, 에너지 문제를 어느 정도 자체적으로 해결할 수 있게 됐습니다.

칼 세이건이나 브라이언 마틴이 말하고 싶은 것은 명백합니다. 우리가 어떤 사회, 또 어떤 지구를 만들어가려고 노력하느냐에 따라서 과학기술의 모습은 크게 달라질 수 있습니다. 루카스 항공, 쿠바의 경험은 그 좋은 보기입니다. 민주주의, 인권, 환경, 더불어 사는 삶과 어울리는 과학기술이 등장하는 것은 단지 꿈에 불과할까요?

■ 한 걸음 더 : 쿠바, 못살지만 행복한 나라

쿠바는 분명히 한국보다 못사는 나라입니다. 그러나 쿠바 사람의 행복지수는 한국보다 훨씬 높을 것 같습니다. 쿠바는 그 힘든 상황에서도 '무상 교육, 무상 의료'를 실시하고 있습니다. 말만으로는 뭘 못하냐고요? 놀라지 마십시오. 쿠바의 교육, 의료 상황은 어떤 면에서는 한국보다 훨씬 좋습니다.

한국의 중학교에서는 교사 한 명이 학생 21.9명을 가르칩니다. 쿠바의 중학교에서는 교사 한 명이 학생 10명을 가르칩니다. 쿠바에는 학생 수가 10명 이하인 학교가 2,000개가 넘습니다. 한국은 한두 명의 학생을 위해 학교를 남겨놓지 않습니다. 그래서 농촌에는 폐교가 널려 있습니다. 그러나 쿠바에서는 가르칠 학생이 있는 한 산꼭대기에도 학교를 짓고 교사를 보냅니다.

쿠바인은 10~20가구마다 주치의가 할당돼 있습니다. 이 주치의는 특별한 일이 없는 한 평생 자기가 맡은 사람들이 '병에 안 걸리게 하는 일'에 주력합니다. 쿠바는 항암, 에이즈 분야에서 세계 최고의 의약품을 개발하는 경쟁력을 갖고 있습니다. 최근에 베네수엘라는 쿠바로부터 의사를 지원받는 대신 석유를 보내기로 약속하기도 했습니다.

: : 깊이 읽기

『코스모스』, 칼 세이건 지음, 홍승수 옮김, 사이언스북스, 2004.
『느린 희망』, 유재현 지음, 그린비, 2006.
『생태도시 아바나의 탄생』, 요시다 타로 지음, 안철환 옮김, 들녘, 2004.

세상의 반, 여성 과학자를 찾습니다

안녕하세요. 보낸 편지는 잘 받았습니다. 중학교에 입학할 때부터 황우석 박사를 '닮고 싶은 과학자'로 선망해왔다는 이야기, 황 박사를 비판하는 사람이 정말로 미웠다는 이야기, 하루 종일 내가 쓴 황 박사에 대한 모든 기사를 읽고 '엉엉' 울었다는 이야기……. 솔직히 고백합니다만, 편지를 읽다가 나도 그만 울어버렸습니다. 친구의 마음상태 그대로는 아니겠지만, 어느 정도 내게도 전해졌기 때문입니다.

그리고 미안합니다. 물론 황우석 박사의 논문 조작과 같은 사기행각을 널리 알린 것에는 후회가 없습니다. 다만 친구처럼 황 박사를 마음 깊이 선망해온 청소년을 위해서라도 그의 줄기세포가 갖고 있는 여러 가지 문제는 더 빨리 세상에 까발려져야 했습니다. 게을렀습니다. 또 용기가 없었습니다. 나를 포함한 어른들이 결국 잘못된 것을 빨리 고치지 못한 탓에 결국 친구의 마음에 상처를 준 것 같아 마음이 무겁습니다.

아직도 황우석 박사는 본인의 사기행각을 있는 그대로 인정하지 않고 있습니다. 이제 공은 검찰 수사로 넘어갔으니 조만간 진실이 좀더 명확히 밝혀질 것입니다. 이제 친구도 다시 꿈을 향해 나아갈 때입니다. 과학을 통해 인류에 봉사할 것을 마음먹었던 5년 전의 바람이 흔들리지 않기를 기원합니다. 친구가 꿈을 다지는 데 조금이라도 도움이 되기를 바라며 답장을 보냅니다.

사라진 여성 과학자

사실 걱정이 됩니다. 혹시 과학사와 관련된 책을 읽어본 적이 있나요? 아니, 과학사 책까지 갈 필요도 없네요. 과학 교과서의 사이사이에 나온 위대한 과학자의 목록을 한번 살펴보세요. 갈릴레이, 뉴턴, 다윈, 아인슈타인 등 이렇게 널리 알려진 과학자는 대부분 남성입니다. 20세기 과학사를 살펴보면 어떨까요? 역시 마찬가지입니다. 마리 퀴리를 제외하고는 널리 알려신 여성 과학사는 거의 없습니다.

오늘날도 상황은 크게 다르지 않습니다. 대학의 교수 명단을 살펴보면 자연과학과 공학 관련 전공 중에는 여성 교수가 한 명도 없는 경우가 많습니다. 친구처럼 과학을 좋아하고 훌륭한 과학자의 꿈을 키워온 여성은 역사 속에 무수히 많았을 텐데, 정작 역사 속에서 여성 과학자를 찾아보기 힘든 현실, 이런 현실을 도대체 어떻게 이해해야 할까요? 무슨 일이 있었는지 한번 살펴봅시다.

과거에는 여성이 과학 활동에 참여하는 것 자체가 아예 봉쇄돼 있었습니다. 과학사를 살펴보면, 유럽에서 과학이 발달하는 데 큰 역할을 하는 두 기관은 바로 대학과 과학단체입니다. 우선 대학의 사정을 살펴볼까요? 13세기에 개교한 유럽의 대학 대부분은 19세기 말까지 여성의 입학을 허용하지 않았습니다. 특히 19세기까지 가장 높은 과학 연구 수준을 자랑했던 독일과 영국에서 이런 분위기가 심했습니다.

과학자들이 연구 성과를 서로 교류·평가하기 위해 17세기부터 등장한 과학단체의 사정은 더 심했습니다. 미국의 '국립과학아카데미(National Academy of Sciences)'가 1925년 여성 과학자를 회원으로 받아들이기까지 300년 가까운 세월 동안 이 과학단체는 여성 과학자를 인정하려 들지 않았습니다. 프랑스과학아카데미는 1911년 두 번이나 노벨상을 수상한 마리 퀴리(Marie Curie)를 여성이라는 이유만으로 회원 선출에서 탈락시키기도 했다고 하니, 사정을 알 만하지요?

20세기 초에 독일, 영국, 오스트리아의 대학에서 여성의 입학을 허용하면서 상황은 약간 나아졌습니다. 그러나 여전히 색안경을 끼고 여성 과학자를 바라보는 사회는 많은 여성 과학자들을 절망시켰습니다. 한 가지 예를 들어볼까요? 핵분열 현상을 이론적으로 규명하는 데 큰 기여를 한 물리학자 리제 마이트너(Lise Meitner)는 베를린 대학의 교수가 된 다음에도 미화원이 출입하는 뒷문으로 출입해야 했습니다. 여성은 물리화학연구소에 출입할 수 없다는 이유 때문이었다고 하네요.

오늘날 이렇게 노골적으로 여성 과학자를 차별하는 것은 있을 수 없는 일입니다. 많은 여학생들이 대학에 진학하면서 이공계 관련 전공을 선택하는 것도 시대의 변화를 알려주는 한 징표이고요. 그러나 이렇게 여성이 이공계로 많이 진출하는데도 여성 교수의 수는 왜 늘지 않을까요? 과학계를 피라미드에 비유해보면 하단에는 여성이 많은데 상단으로 올라갈수록 그 수가 급격히 줄어듭니다.

이런 상황을 염두에 두면 여성이 계속 과학 활동을 하는 것을 방해하는 눈에 보이지 않는 장애물이 오늘날에도 여전히 존재하는 것 같습니다. 이 문제를 고민한 이들은 이런 눈에 보이지 않는 장애물을 '유리 천장(Glass Ceiling)'이라고 부르고 있습니다. 즉, 여성이 과학자로서 경력을 쌓아갈수록 그들을 좌절하게 하는 불이익이 알게 모르게 존재한다는 것이지요. 이런 유리 천장의 실체를 적나라하게 보여준 연구 하나를 살펴보겠습니다.

1990년대 후반 스웨덴 의학연구재단이 지원한 한 연구를 보면, 여성 과학자가 동등한 조건의 남성 과학자만큼 연구비 지원을 받으려면 두 배가 넘는 연구 업적을 가져야 한다고 나옵니다. 연구에 많은 비용이 드는 오늘날의 과학 연구에서는 연구비 지원이 곧 과학 활동을 계속할 수 있는지를 결정하는 가장 중요한 요인입니다. 연구비 지원에서부터 불이익을 당한 여성 과학자가 남성 과학자를 앞선다는 것은 정말 어려운 일이겠지요.

이뿐만이 아닙니다. 1999년 미국 MIT에서 발표한 연구를 보면, 과학계에 진입한 여성은 남성 과학자와 비교했을 때 낮은 임금과 낮은 지위, 그리고 좁은 공간을 감수해야 했습니다. 또 학위를 마친 후 조건이 나쁜 직장에서 더 많은 강의 부담을 떠안아야 했고요. 상황이 이런데 성공한 여성 과학자가 많이 나온다면 그것이야말로 기이한 일이 되겠지요. 자, 이제 친구가 과학자의 바람을 말했을 때 왜 걱정부터 앞섰는지 알겠지요?

포기하지 마세요, 여성 과학자의 꿈

그러나 포기하지 마세요. 많이 알려지지는 않았지만, 과학사를 보면 악조건 속에서도 과학을 향한 꿈을 꺾지 않고 과학사에 남성 과학자 못지않은 발자취를 남긴 여성 과학자도 많습니다. 여성이 과학 활동을 하기에는 최악의 조건이었던 17~18세기에도 마리아 메리안(Maria S. Merian), 에밀리 뒤 샤틀레(Emilie du Chatelet), 라우라 바씨(Laura Bassi) 등과 같은 매력적인 여성 과학자가 있었습니다. 이들의 전기를 읽어보면 과학에 대한 그들의 열정이 얼마나 대단했는지 잘 알 수 있습니다.

뛰어난 화가이기도 했던 메리안은 『수리남 곤충의 변태』라는 책을 써 곤충이 알, 유충, 번데기, 성충의 단계를 거친다는 사실을 처음으로 세상에 알렸습니다. 독일 500마르크짜리 지폐를 장식하기도 했던 메리안의 삶은 나카노 교코의 『나는 꽃과 나비를 그린다』를 통해서 잘 알 수 있습니다 (김성기 옮김, 사이언스북스, 2003). 『곤충·책』에서는 『수리남 곤충의 변태』의 일부도 살펴볼 수 있고요(윤효진 옮김, 양문, 2004).

샤틀레는 프랑스의 작가 볼테르의 연인으로 유명합니다. 그러나 샤틀레는 뉴턴의 『프린키피아』를 프랑스어로 번역해 유럽 대륙에 널리 전파한 훌륭한 과학자였습니다. 도대체 못하는 게 없는 이 샤틀레를, 볼테르는 사랑하면서도 또 질투했습니다. 데이비드 보더니스는 이 샤틀레의 삶을 『마담 사이언티스트』에서 잘 그리고 있습니다(최세민 옮김, 생각의나무, 2006). 이 책을 읽고 나면 샤틀레에게 반하지 않을 수 없을 것입니다.

대학에서 과학 교육을 받을 수 없었던 이들은 가정교사를 통하거나, 가업(家業)을 도우면서 어깨너머로 과학을 공부했습니다. 대학과 과학단체에서 여성인 이들을 거부한 탓에 대부분은 아버지나 남편의 조수로 과학 활동을 이어나갈 수밖에 없었어요. 물론 자신의 연구 성과 역시 가명이나 다른 사람의 이름으로 발표했고요. 시대는 철저히 무시하고 억압했지만, 그들은 결코 굴복하지 않았습니다. 지금 그들은 시대에 맞서 '세상의 반'을 대표한 과학자로 역사에 남아 있습니다.

편지를 마무리하기 전에 한 가지 정보를 알려줄게요. 과학자의 꿈을 키우는 친구와 같은 여학생이 겪는 어려움 중 하나는 닮고 싶은 여성 과학자를 찾기가 어렵다는 사실입니다. 이것은 친구가 대학에 가도 마찬가지랍니다. 앞에서도 얘기했듯이, 여성 교수가 있는 대학이 그리 많지 않으니까요. 이런 문제점을 해결하기 위해서 세계 여러 나라에서는 '멘토링(mentoring)' 제도를 운영하고 있어요.

이 제도는 여성 교수(mentor)와 여학생(mentee)을 연결해서, 여성 교수인 선배가 여학생 후배에게 여러 가지 정보를 제공하고 조언해주는 것을 말합니다. 여성 과학자로 살아오는 동안 여러 가지 어려운 문제를 해결하면서 축적된 선배의 노하우(know-how)가 후배에게 잘 전달된다면, 후배는 똑같은 시행착오를 거치지 않고 더 성공적으로 과학 활동을 이어나갈 수 있을 테니까요. 친구도 이런 제도를 잘 활용해보세요.

자, 이제 나도 황우석 박사 탓에 엉망이 된 일상생활로 다시 돌아가야 할 때입니다. 친구도 세상의 반을 대표하는 훌륭한 여성 과학자의 꿈을 이루기 위해 다시 숨을 골라야 할 때고요. 이른바 '황우석 사태'가 지금은 큰 상처겠지만, 나중에 돌이켜보면 어떤 과학자가 되어야 할지 생각거리를 던져준 소중한 경험으로 기억될 것입니다. 친구가 직접 말했듯이 '정직'이야말로 과학자의 최고 덕목이라는 사실을 우리 모두 알았잖아요.

그럼, 또 연락하겠습니다.

(참, 이 편지를 보낸 다음 친구가 참고할 만한 좋은 책이 한 권 나왔습니다. 바로 친구와 비슷한 고민을 해온 여성 과학자를 지망하는 선배들이, 한국의 대표적인 여성 과학자를 직접 만나 인터뷰한 내용을 정리한 책입니다. 지금 한창 진로를 고민할 때인데, 꼭 한번 읽어보세요. 『과학해서 행복한 사람들: '세계의 여성과학자를 만나다' 프로젝트』, 안여림 외 지음, 사이언스북스, 2006.)

2006년 1월 15일
강양구 드림

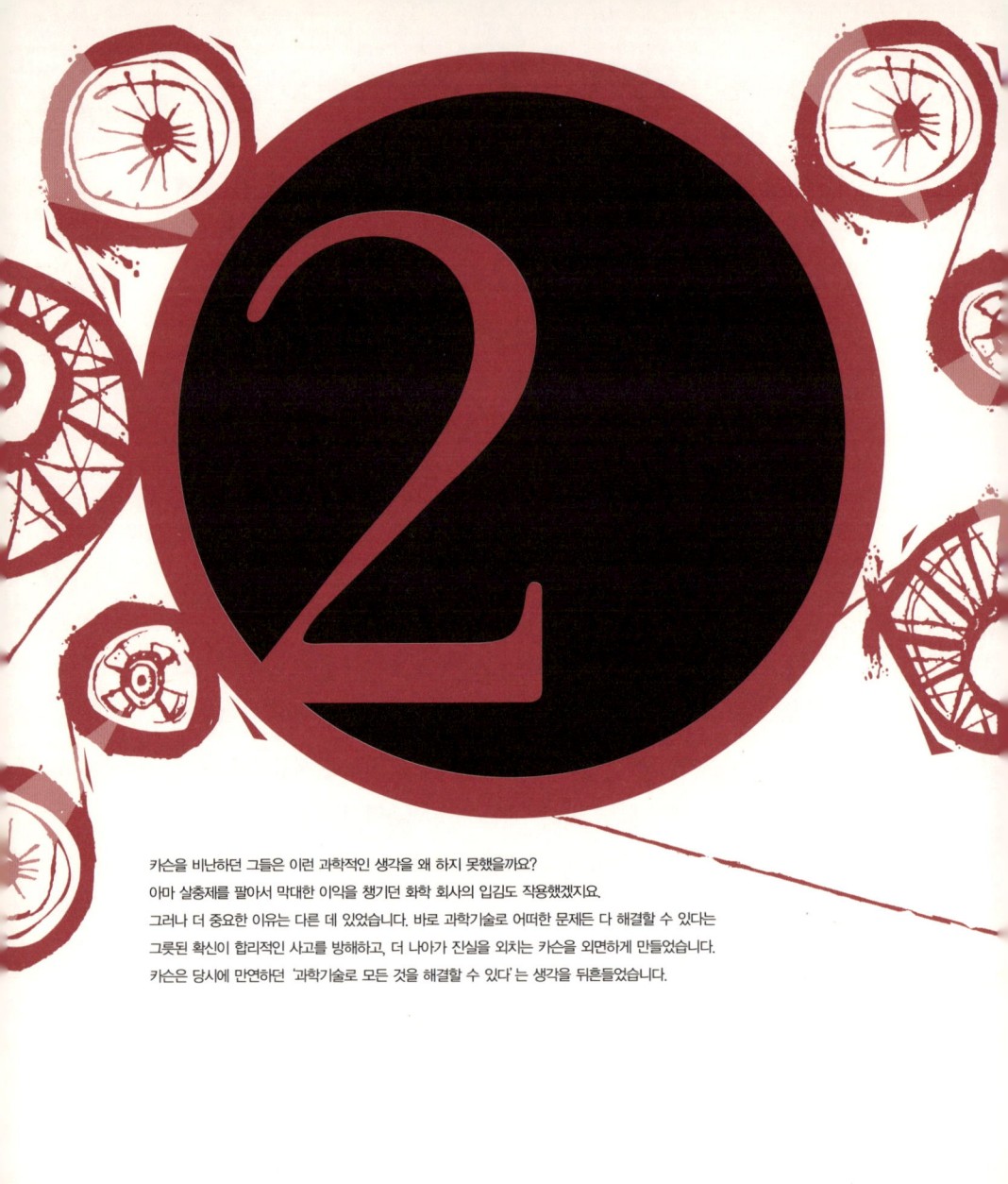

카슨을 비난하던 그들은 이런 과학적인 생각을 왜 하지 못했을까요?
아마 살충제를 팔아서 막대한 이익을 챙기던 화학 회사의 입김도 작용했겠지요.
그러나 더 중요한 이유는 다른 데 있었습니다. 바로 과학기술로 어떠한 문제든 다 해결할 수 있다는
그릇된 확신이 합리적인 사고를 방해하고, 더 나아가 진실을 외치는 카슨을 외면하게 만들었습니다.
카슨은 당시에 만연하던 '과학기술로 모든 것을 해결할 수 있다' 는 생각을 뒤흔들었습니다.

핵폭탄, 세계를 삼키다

최초의 원자로가 가동되는 순간에 한 과학자는 "오늘은 인류 역사에서 어둠의 날로 기록될 것"이라는
의미심장한 말을 남겼습니다. 최초의 핵폭탄 폭발 장면을 본 다른 과학자는
"우리는 모두 개자식"이라고 자조 섞인 말을 했다고 합니다.

미국 현대 문학의 아버지로 불리는 마크 트웨인(Mark Twain)의 대표
작 『톰 소여의 모험』과 『허클베리 핀의 모험』을 잘 알 것입니다.
하지만 마크 트웨인이 1901년부터 세상을 뜬 1910년까지 생애 마지막
10년을 반전 운동을 펼치는 데 혼신을 다한 것은 별로 알려지지 않은
일입니다. 이 당시 그는 단순히 전쟁에 반대하는 정도가 아니라 '뉴욕
반제국주의동맹'이라는 단체의 부의장으로 활동했다고 하니, 요즘 말
로 하면 '과격한 운동권' 할아버지였던 셈입니다.

마크 트웨인은 특히 미국이 필리핀을 강제로 점령하려는 것에 대
단히 격분했다고 합니다. 당시 미국은 스페인의 식민지였던 필리핀을
반 강제로 사들여, 스페인에 이어 필리핀 원주민들을 상대로 전쟁을
벌이고 있었습니다. 하지만 조상 때부터 내려온 삶의 터전이었던 땅을
지키려는 원주민들의 의지는 아주 완강했지요. 미국은 그들과 16년간
이나 긴 전쟁을 치른 후에야 간신히 필리핀을 식민지로 만들 수 있었
습니다.

이 전쟁에서 미국이 여성과 어린이를 포함한 필리핀 원주민 900명

마크 트웨인이 1901년부터 세상을 뜬 1910년까지 생애 마지막
10년을 반전 운동을 펼치는 데 혼신을 다한 것은 별로 알려지지 않은 일입니다.

을 분화구에 몰아넣고 모두 죽을 때까지 총을 쏜 1906년의 학살 사건은 아주 유명합니다. 이미 20대 때 '남북전쟁'에 남군으로 직접 참여해 전쟁의 참상을 가까이에서 지켜본 마크 트웨인으로서는 이런 미국의 행태가 견딜 수 없었겠지요. 새삼 마크 트웨인을 떠올리는 것은 북한과 미국의 대립이 심상치 않은 최근 분위기 탓입니다.

마크 트웨인 :
19세기 미국의 대표적인 소설가. 사회적 약자들의 대변인 이기도 했던 그는 독특한 유머와 날카로운 풍자로 미국 문학의 새로운 방향을 제시했다고 평가받는다.

전쟁이 나면 모든 것이 '끝'

2006년 10월 9일, 북한이 결국 핵실험을 감행했습니다. 사실 북한의 핵실험은 예고된 것이었습니다. 이미 몇 년 전부터 식량 부족, 전력난 등으로 심각한 위기에 직면해온 북한은 미국에 사회주의 체제의 보장을 요구하면서 핵폭탄 개발이라는 무리수를 두고 있습니다. 미국은 내심 북한의 사회주의 체제가 무너지길 바라면서 핵폭탄을 개발할 경우에는 '최후의 수단'까지 배제하지 않을 것임을 공공연하게 밝히고 있고요.

여기서 미국이 말하는 최후의 수단은 바로 '북한 폭격'을 의미합니다. 미국이 북한을 폭격하는 순간 한반도와 일본열도를 비롯한 동북아시아는 쑥대밭이 될 게 불 보듯 뻔합니다. 이미 상당한 군사력을 갖춘 북한이 죽기 살기로 달려들면 한반도의 남쪽 역시 무사할 수 없습니다. 특히 북한은 폭격을 당하는 순간 수도권에 위치한 주한 미군기지나 일본의 원자력 발전소를, 가능한 모든 수단을 동원해 공격할 뜻을 여러 차례 밝힌 적이 있습니다. 일단 전쟁이 나면 모든 게 '끝' 입니다.

그럼, 여기서 북한과 미국이 으르렁대는 원인이 된 핵폭탄은 어떻게 만들어졌는지 잠깐 살펴볼까요? 핵폭탄과 관련된 최초의 아이디어는 1938~39년에 등장했습니다. 우선 우라늄(U)의 원자핵이 분열하면서 큰 에너지를 내는 현상인 '핵분열' 이 1938년에 발견됐고, 곧이어 물리학자들은 우라늄 덩어리 속에서 핵분열이 연쇄적으로 일어날 경우 그때까지 상상할 수도 없었던 엄청난 양의 에너지를 얻을 수 있다는 사실도 알아냈습니다. 당시 비행기가 싣고 다니는 폭탄과 비슷한 크기의 핵폭탄 하나면 도시 하나를 파괴할 수 있다는 사실을 알아버린 것입니다. 하지만 이때까지만 해도 물리학자들은 자신들의 발견이 얼마나 큰 파급력을 가진 것인지 솔직히 '감' 이 없었던 모양입니다. 왜냐하면 전쟁을 눈앞에 둔 그 시점에서도 이런 사실을 발견하는 족족 발표했으니까요. 1939년 9월 1일, 독일이 폴란드를 침공하면서 시작된 제2차 세계대전을 계기로 이 '발견' 은 끔찍한 재앙으로 이어집니다.

"우리는 모두 개자식"

전쟁이 시작되자마자 독일은 핵폭탄 개발을 서두릅니다. 이에 질세라 미국도 히틀러의 나치 정권을 피해서 망명해온 독일의 물리학자들을 최대한 활용해 핵폭탄 개발에 박차를 가합니다. 망명 과학자들 역시 독일이 핵폭탄을 만들 가능성에 위협을 느끼며 미국에 적극적으로 협조했습니다. 앨버트 아인슈타인 (Albert Einstein)이 1939년 8월 2일, 미국의 대통령 프랭클린 루스벨트(Franklin Roosevelt)에게 '핵폭탄으로 전쟁을 막을 것' 을 권고한 내용의 편지를 보낸 것은 잘 알려진 사실입니다.

이렇게 핵폭탄 개발 경쟁이 진행되는 동안 과학자들은 핵폭탄을 만들기 위해서는 천연 상

앨버트 아인슈타인 :
20세기 과학자를 대표하는 아인슈타인. 이 천재과학자의 고뇌는 과연 과학이 과학으로만 성찰되어야 하는지에 대해 의문을 품게 한다.

태의 우라늄을, 폭발성을 띠고 있는 우라늄으로 농축해야 한다는 사실 (천연 우라늄에서 U-235를 분리하는 것)을 알게 됩니다. 또 폭탄에 활용하기에 더 편리한 플루토늄(Pu)을 우라늄으로부터 화학적으로 추출할 수 있다는 사실도 발견합니다. 결국 미국은 1941년 12월 6일, 핵폭탄 제조에 뛰어듭니다.

공교롭게도 이날은 일본군이 하와이 진주만에 정박해 있던 미국 함대를 기습하기 바로 하루 전이었습니다. 흔히 '맨해튼 프로젝트' 로 알려져 있는 이 핵폭탄 제조 사업은 착착 진행됐습니다. 1942년 12월 2일, 폭탄에 필요한 농축 우라늄을 만들기 위한 원자로가 처음 가동되었고, 그로부터 2년 8개월이 지난 1945년 7월에는 두 기의 핵폭탄이 제조됐습니다. 곧이어 한 달 후 히로시마에 떨어지게 될 우라늄 핵폭탄이 먼저 완성됐고, 플루토늄 핵폭탄도 며칠 후 선을 보였습니다.

상황이 이 정도에 이르러서야 핵폭탄을 만드는 데 적극적으로 참여
한 과학기술자들은 자기들이 지금 무슨 짓을 하고 있는지 확실히 깨닫
게 됩니다. 최초의 원자로가 가동되는 순간에 한 과학자는 "오늘은 인
류 역사에서 어둠의 날로 기록될 것"이라는 의미심장한 말을 남겼습니
다. 최초의 핵폭탄 폭발 장면을 본 다른 과학자는 "우리는 모두 개자
식"이라고 자조 섞인 말을 했다고 합니다.

당시 핵폭탄은 전쟁의 승패와는 전혀 상관이 없었습니다. 그때는
이미 독일이 핵폭탄을 제조할 기술력이 없다는 사실이 밝혀진 시점이
었습니다. 마지막 발악을 하던 일본 역시 1945년에 들어서는 거의 궤멸
상태였습니다. 미국은 새로 만든 신무기의 위력을 직접 확인해보기 위
해 일본의 히로시마와 나가사키에 핵 공격을 가한 것입니다. 핵폭탄 사
용에 주저했던 루스벨트가 급서(1945년 4월 12일)하고 강경파 트루먼이
뒤를 이은 것도 한 원인으로 작용했습니다.

과학자와 공학자의 수제품(手製品)으로 시작됐던 핵폭탄은 전쟁이
끝난 후 거대한 원자력 산업으로 변모하게 됩니다. 원자력 발전소가

'원자력의 평화적 이용' 운운하며 전기를 생산해온 지난 수십 년 동안 전 세계는 지구를 몇 개나 날려버릴 정도의 핵폭탄을 보유하게 됐습니다. 지금도 미국 1만 기, 러시아 1만 7,000기, 중국 410기, 프랑스 350기, 영국 185기 등 전 지구상에 존재하는 핵폭탄의 양은 상상을 초월합니다. 이 대열에 북한이 가세한 것입니다.

사람을 살리는 과학기술, 사람을 죽이는 과학기술

만약 핵폭탄의 초기 아이디어가 나왔을 때가 전쟁 직전의 상황이 아니었다면 핵폭탄은 아예 만들어지지 않았을지도 모릅니다. 전쟁 중이 아니었다면 대규모의 인적·물적 자원을 국가가 비밀리에 동원해 맨해튼 프로젝트 같은 일을 진행하는 것도 불가능했을 겁니다. 또 나라 안팎의 큰 저항에 직면했을 테고요. 상당수 과학기술자들도 이런 시도에 참여하는 데 주저했을 가능성이 높습니다.

사실 최초로 핵폭탄과 관련된 아이디어를 내놓았던 과학자들이 조금만 더 깊이 성찰을 했더라도 핵폭탄의 개발은 이루어지지 않았을 것입니다. 맨해튼 프로젝트에 참여했던 과학기술자들은 더 강한 핵폭탄을 만들면 전쟁이 빨리 끝나 평화가 찾아올 것이라는 섣부른 생각으로, 인류를 '핵전쟁의 공포'라는 영구 전쟁의 위협에 노출시키는 결과를 낳고 말았습니다. 그들은 과학기술 연구에 몰두하느라 자신의 연구를 사회 속에 자리매김하는 데 실패한 것입니다.

이런 일은 지금도 부지기수로 일어나고 있습니다. 몇 년 전 미국에서 오랫동안 연구를 하다 국내 대학교수로 자리를 옮긴 한 공학자는 다음과 같은 경험담을 털어놓았습니다. '위치추적시스템(GPS)'에 대해서 세계적인 권위를 인정받고 있는 그 역시 대부분의 연구를 군에서 대는 비용으로, 전쟁에 활용할 수 있는 기술을 개발하기 위해 진행해왔다고 합니다. 그는 고백합니다.

"나는 그때 군에서 돈을 받아서 그들이 요구하는 기술을 개발하는 것이 무슨 의미를 갖는지 알지 못했어요. 또 돌이켜 생각해보면 혹시 그런 것에 대해 성찰을 했다 한들 연구를 계속 진행하기 위해서 그 요구를 차마 거부하지 못했을 것입니다. 군에서 매년 거액의 연구비를 받을 때마다 '이 연구가 무기로도 쓰이겠지만 더 나아가서는 인류의 삶을 윤택하게 할 거야' 하고 자위하곤 했지요."

그렇습니다. 오늘날 현대 과학기술은 사람을 살리기보다는, 사람을 죽이기 위해 진행되는 것이 태반입니다. 인류는 여전히 끔찍한 전쟁의 위협에 노출돼 있습니다. 특히 전 세계에서 핵전쟁의 가능성이 가장 높은 지역인 한반도에 사는 우리는 더욱더 경각심을 가져야 할 것입니다.

트웨인은 반전 운동을 할 때 『전쟁을 위한 기도』라는 글을 지었습니다. 이 글은 전쟁을 준비하는 우리의 모습을 하느님이 어떻게 받아들일지 적나라하게 보여주고 있습니다.

(……) 우리를 도우시어 우리의 포탄으로 저들의 병사들을 갈기갈기 찢어 피 흘리게 하소서. (……) 저들의 벌판을 저들 애국자들의 창백한 시체로 뒤덮게 하소서. (……) 천둥 같은 총성을 저들의 부상병들이 고통으로 몸부림치며 내지르는 비명 속에 잠기게 하소서. (……) 저들의 누추한 집들을 잿더미로 화하게 하소서. (……) 집을 잃고 어

린 자식들과 함께 흙바람 이는 황폐한 땅을 의지가지없이 떠돌게 하소서. (……)

■ **한 걸음 더 : 1945년 8월 6일, 히로시마!**

아직도 전쟁의 끔찍함이 실감나지 않으십니까? 그럼 앞에서 살펴본 1945년 8월 6일, 핵폭탄이 히로시마에 처음 떨어졌을 때 당시를 묘사한 리처드 로즈(Richard Rhodes)의 『원자폭탄 만들기』의 한 부분을 읽어보십시오.

북한이 핵실험을 했다는 소식을 접한 후 한국도 핵폭탄을 보유해야 한다고 주장하는 사람을 종종 보게 되는데요, 다음 글을 읽고도 그런 주장을 계속할 수 있을지 궁금합니다. 다시 한번 강조하지만 전쟁이 나면 모든 것이 '끝' 입니다.

"사람들의 모습이, 그들의 피부는 화상으로 검게 변해 있었다. 머리카락도 없었다. 왜냐하면 머리카락이 모두 타버렸기 때문이다. 얼핏 보아서는 그들을 앞에서 보는 것인지 또는 뒤에서 보고 있는 것인지 알 수가 없었다. 그들의 얼굴, 손 그리고 몸에서 피부가 벗겨져 늘어져 있었다. 어디를 가도 이런 사람들을 만났다. 많은 사람들이 길거리에서 죽었다. 걸어 다니는 유령 같았다. 그들은 걷는 방법이 특별했다. 어기적어기적 매우 천천히 걸었다. 나 자신도 그들 중의 하나였다." (식료품 가게 주인)

"시체들을 화장하기 위하여 근처의 공원에 쌓아놓았다. 모든

것이 끔찍했다. 이것이 내가 책에서 읽은 지옥이구나 하는 생각을

했다."(사회학자)

: : **깊이 읽기**

『**전쟁을 위한 기도**』, 마크 트웨인 지음, 존 그로스 그림, 박웅희 옮김, 돌베개, 2003.
『**원자폭탄 만들기**』, 리처드 로즈 지음, 문신행 옮김, 사이언스북스, 2003.
『**원자폭탄, 그 빗나간 열정의 역사**』, 다이애나 프레스턴 지음, 류운 옮김, 뿌리와이파리, 2006.

고기가 사람을 공격한다

그 후 20년간 영국처럼 동물성 사료를 소에게 먹인 세계 곳곳에서
광우병이 나타났습니다. 유럽에 이어 일본에서, 곧이어 미국에서도 광우병 소가 발견됐습니다.
문제는 여기서 그치지 않았습니다. 광우병 쇠고기를 먹은 인간 역시 똑같은 증상으로
죽을 수 있다는 사실이 밝혀졌습니다. 바로 인간광우병이 등장한 것입니다.

지난 1997년 8월, 24세의 영국 여성 크레어 톰킨스가 인간광우병(변종 크로이츠펠트야코프병, vCJD)으로 목숨을 잃었습니다. 이미 수십 명이 인간광우병으로 생명을 잃은 뒤였기 때문에 사람들은 '또 올 것이 왔구나' 했습니다. 그러나 그의 죽음은 당혹스러웠습니다. 그는 11년 동안 고기를 먹은 적이 없는 채식주의자였기 때문입니다. 당시만 하더라도 인간광우병은 광우병에 걸린 쇠고기를 사람이 섭취했을 때 전염되는 병으로 알려져 있었습니다.

인간광우병의 긴 잠복기를 염두에 두더라도 톰킨스가 아직 고기를 먹던 1986년 이전에는 아주 극소수의 소만이 광우병 증상을 보이던 시점이었습니다. 그렇다면 도대체 무엇이 그를 죽음으로 몰고 갔을까요? 진실은 훨씬 더 무서웠습니다. 바로 그가 먹던 채소가 문제였습니다. 보통 채소를 재배할 때 쓰는 비료는 닭똥으로 만들어집니다. 그런데 바로 그 닭이 광우병 소의 뼈를 갈아 만든 사료를 먹고 광우병에 감염됐던 것입니다.

채소뿐만이 아닙니다. 우유, 버터 역시 안전하지 않습니다. 톰킨스

에 앞서 1995년 인간광우병으로 사망한 18세의 남학생은 8년 동안 매년 고모의 농장을 방문해 살균 처리하지 않은 우유를 마셨습니다. 비록 당시까지 그 농장의 소에서 광우병이 보고된 적은 없었지만, 광우병 잠복기의 소에서 나온 우유가 그 남학생의 목숨을 앗아갔을 가능성은 매우 큽니다. 소에게 소를 먹인 탓에 확산된 전염병, 인간광우병의 끝은 과연 어디일까요?

소에게 소를 먹였더니

인간광우병은 동물의 뇌가 스펀지처럼 구멍이 뚫리는 '전염성 해면상 뇌증(TSE; transmissible spongiform encephalopathy)'의 한 종류입니다. 'encephalopathy'는 뇌를 뜻하는 고대 그리스어 'Enkephalos'와 질병을 의미하는 '-pathy'에서 나왔습니다. 이 전염성 해면상 뇌증은 원래 사람에게도 있었습니다. 전 세계에 걸쳐서 100만 명당 1명꼴로 발생하는 크로이츠펠트야코프병도 그 한 종류입니다.

뉴기니의 포레(Fore)족에서 나타나는 '쿠루(Kuru)' 역시 사람에게서 나타나는 전염성 해면상 뇌증입니다. 가족이 죽으면 그 시체를 여성과 아이들이 나눠서 먹는 식인 전통이 있었던 포레족에게서 많이 나타난 이 병은 나중에 크로이츠펠트야코프병과 같은 전염성 해면상 뇌증으로 밝혀졌습니다. 이 전염성 해면상 뇌증은 사람 외에도 고양이, 소, 양, 밍크 등에서 나타납니다.

1985년 4월, 영국에서는 처음으로 소에게서 이 전염성 해면상 뇌증이 발견됐습니다. 흔히 광우병이라고 부르는 '소 해면상 뇌증(BSE;

bovine spongiform encephalopathy)' 이 그것입니다. 일단 광우병에 걸린 소는 '미친' 것처럼 비틀거리는 증상을 보이다 죽습니다. 나중에 뇌를 보면 스펀지처럼 구멍이 뚫려 있지요. 그렇다면 왜 갑자기 1980년대 중반부터 이 광우병이 급속히 번지게 됐을까요?

다름 아닌 '사료'가 그 원인이었습니다. 여러분도 알다시피 소는 초식동물입니다. 그러나 현대의 소는 결코 초식동물이 아닙니다. 1980년대 많은 농장에서는 젖을 더 많이 얻기 위해, 성장을 극대화하기 위해 소에게 동물성 사료를 먹입니다. 보통 소와 양 등의 시체를 갈고, 찌고, 말려서 가공한 '육골분 사료'가 그것입니다. 이 육골분 사료는 소에게 단백질을 공급하는 역할을 합니다. 이렇게 소에게 소를 먹인 결과는 끔찍했습니다.

광우병에 걸린 소의 뇌와 뼈를 갈아서 만든 육골분 사료를 공급받은 소가 광우병에 감염되는 것은 시간문제였습니다. 그 후 20년간 영국처럼 동물성 사료를 소에게 먹인 세계 곳곳에서 광우병이 나타났습니다. 유럽에 이어 2001년에는 일본에서, 2003년에는 미국에서 광우병 소가 발견됐습니다. 문제는 여기서 그치지 않았습니다. 광우병 쇠고기를 먹은 인간 역시 똑같은 증상으로 죽을 수 있다는 사실이 밝혀졌습니다. 바로 인간광우병이 등장한 것입니다.

광우병의 밖은 없다

"시간이 흐를수록 비키의 상태는 악화되었고, 그애는 아무 데서나 넘어지기 시작했어요. 꼭 그 소들이 넘어지는 것처럼 말이에요. 그애는 계속 물었어요. '제가 왜 이러는 걸까요, 할머니?' (……) 그애는 결국 눈이 멀었어요. 움직일 수도 없고, 침이나 음식물을 삼킬 수도 없었어요. 이런 모습을 매일 본다는 것은 생지옥이에요." (1993년, 인간광우병 증상을 보인 후 생명을 잃은 빅토리아 리머의 할머니)

많은 과학자들의 경고에도 불구하고 영국 정부는 광우병 쇠고기를 먹은 사람이 해면상 뇌증에 걸릴 수 있을 가능성을 인정하지 않았습니다. 하지만 이게 인정하지 않는다고 해결될 일입니까? 결국 영국 정부는 광우병이 발견된 지 10여 년이 지난 1996년 3월 20일, 광우병 쇠고기를 먹고 인간광우병에 걸릴 수 있을 가능성을 인정했습니다. 새로운 전염병 인간광우병이 비로소 인류 앞에 모습을 드러낸 것입니다.

한국 보건복지부 질병관리본부는 인간광우병에 대해서 다음과 같이 설명하고 있습니다. "말기엔 광우병과 같은 증상을 보이며 죽게 된다. 잠복기도 길어 때로는 감염된 지 몇십 년 뒤에 증상이 나타나기도 한다. 일단 발병하면 어김없이 3개월에서 1년 안에 사망에 이르는 치명적인 질환이다." 물론 "치료 방법이 전혀 없다"라고 덧붙이고 있습니다.

치료 방법만 없는 게 아닙니다. 인간광우병과 같은 전염성 해면상 뇌증의 원인으로 '변형 프리온'이라는 단백질이 지목되곤 합니다. 이 프리온은 고온에서도 파괴되지 않습니다. 즉, 쇠고기를 굽거나 끓여도 인간광우병을 예방할 수 없습니다. 앞에서 '소→비료→닭→비료→채소→인간'과 같은 먹이 연쇄를 통해서 인간광우병에 걸린 톰킨스의 예는 인간광우병을 예방하는 것이 얼마나 어려운 일인지 잘 보여줍니다.

소뿐만이 아닙니다. 돼지도 위험합니다. 돼지에게도 충분한 단백질을 보충하기 위해서 동물성 사료를 먹기 때문입니다. 아직까지 돼지에게서는 전염성 해면상 뇌증이 나타나지 않았습니다. 전염성 해면상 뇌증 연구로 노벨상을 받은 가이듀섹(Daniel C. Gajdusek)은 말합니다. "돼지에게서 질병이 나타나지 않은 이유는 돼지를 7~8년씩 살려두지 않기 때문이야. 돼지는 기껏해야 생후 2~3년이면 도살되지."

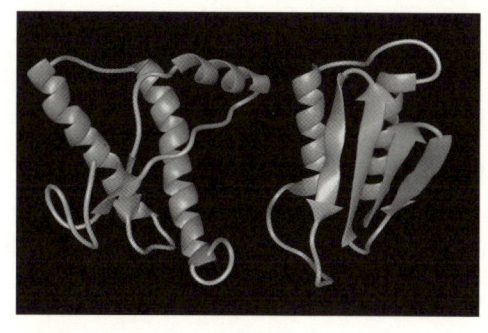

광우병의 원인으로 꼽히는 변형 프리온 :
감염성이 있는 변형 단백질. 변형이 일어나게 되면 정상 프리온까지 자신과 비슷한 변형 단백질로 만들기 때문에, 결국 뇌신경세포를 파괴하게 되어 뇌를 스펀지 형태로 만든다.

　실제로 실험실에서 돼지에게 광우병에 걸린 소의 뇌를 주입하고 7~8년 이상 키우면 어김없이 광우병 증상을 나타내며 죽었습니다. 단지 잠복기 상태에서 죽이기 때문에 아직까지 '광돈병'이 발견되지 않았을 뿐이라는 게 그의 의견입니다. 만약 이게 사실이라면 문제는 더욱 커집니다. 수술할 때 쓰이는 봉합사는 바로 돼지의 장(腸)을 이용해 만들기 때문입니다. 인간광우병은 수술 장비를 통해 전염될 가능성 또한 매우 높습니다.

한국도 안전지대 아니다

2006년 2월 9일, 영국에서는 수혈로 인한 세 번째 인간광우병 전염 사례가 확인됐습니다. 이로써 적혈구, 혈소판, 혈장 등이 모두 인간광우병의 매개가 된다는 사실이 밝혀진 것입니다. 현재 많은 과학자들은 1만 4,000명 정도가 아무런 증상을 드러내지 않은 채 인간광우병을 유발하는 변형 프리온을 보유하고 있을 가능성에 대해 말합니다. 길게는 수십 년에 이르는 잠복기를 염두에 두면, 이들은 죽을 때까지 아무것도 모르는 상태에서 인간광우병을 퍼뜨릴지 모릅니다.

이제 한국도 더 이상 안전지대가 아닙니다. 2000년대 이후 국내에서는 인간광우병으로 의심되는 환자가 여러 명 있었습니다. 2001년 3월 서울대병원은 한 36세 환자를 인간광우병 환자로 판명했습니다. 그러나 유족의 반대로 부검을 못 해서 최종 판단은 유보되었습니다. 즉, '비공식' 적으로는 이미 한국도 인간광우병 발생국일 가능성이 높습니다. 이웃 일본에서는 2005년 2월 인간광우병 환자가 최초로 발견됐습니다.

상황이 이러한데도 한국 정부는 2003년에 광우병이 발생한 미국으로부터 쇠고기를 수입하려고 합니다. 광우병 감염 위험이 높은 뇌와 뼈 등을 제외한 살코기는 안전하기 때문에 인간광우병과는 무관하다는 게 정부의 주장입니다. 하지만 과연 그럴까요? 여러 실험에서 전염성 해면상 뇌증에 감염된 동물의 근육 역시 다른 동물에게 병을 전염시키는 것으로 확인됐습니다. 적당히 썰고 저미며서 포장한 근육, 이것이 바로 우리가 '살코기' 라고 부르는 것입니다.

영국의 한 과학자는 1990년대 후반 이렇게 말했습니다. "수백 명 정도에서 그칠 수도 있지만, 유럽 전체에 번져서 성서에 나오는 수준의 재앙이 될 수도 있다. 우리는 수만 명의 환자가 발생하는 대재앙의 가능성을 제대로 파악해야 한다. (……) 지금 당장 행동에 나서야 한다. 우리는 해답을 찾아야 한다."

자연의 한계를 초과하여 고기를 공급해온 인류의 과욕이 부른 재앙, 인간광우병의 끝은 도대체 어디일까요?

그들은 매년 수억 명을 넉넉히 먹여 살릴 만한 양의 곡식을 먹어치우고 있습니다.
말 그대로 '소가 사람을 먹고' 있는 셈입니다.

꼭 광우병의 공포가 아니더라도 여러 가지 이유 때문에 많은 사람들이 점차 육식을 포기하고 채식으로 돌아서고 있습니다. 한 가지 이유를 살펴볼까요?

지금 현재 지구상에 존재하는 소는 12억 8,000마리로 추산됩니다. 이 소의 사육 면적은 전 세계 토지의 24퍼센트를 차지하고 있습니다. 그들은 매년 수억 명을 넉넉히 먹여 살릴 만한 양의 곡식을 먹어치우고 있습니다. 말 그대로 '소가 사람을 먹고' 있는 셈입니다. 이는 분명히 비정상적인 상황입니다.

이 소를 사육하기 위해서 시간이 지날수록 열대 우림이 훼손되고 있는 것도 큰 문제입니다. 1966~83년 사이에 '지구의 허파'로 불리던 아마존 밀림의 38퍼센트가 소 사육에 필요한 목초지 개발 때문에 집중적으로 훼손되었습니다. 이런 목초지 개발은 결국 급격한 사막화로 이어지게 됩니다. 아프리카의 사하라 이남, 미국, 오스트레일리아의 목장 지대에서 진행되는 사막화가 그 단적인 예입니다.

잡식동물인 인간이 채식만 하는 것은 자연스럽지 못하다고요? 그럼 이런 주장은 어떤가요. 독일의 의사 틸 바스티안(Till Bastian)은 이렇게 말합니다.

"육식을 하지 않는 생활 방식이 (생명의 진화가 인간을 잡식성 동물로 만들어놓았다는 것을 염두에 두면) '자연스럽'지는 않다. 그런데도 이것이 우리가 그런 생활 방식을 선택할 수 없다는 것, 그런 방식을 선택해서는 안 된다는 말은 결코 아니다. (채식은) 다른 모든 동물과 구별되는 인간의 '문화적' 역량이다."

: : 깊이 읽기

『죽음의 향연: 광우병의 비밀을 추적한 공포와 전율의 다큐멘터리』, 리처드 로즈 지음, 안정희 옮김, 사이언스북스, 2006.
『육식의 종말』, 제레미 리프킨 지음, 신현승 옮김, 시공사, 2002.
『육식, 건강을 망치고 세상을 망친다』1·2, 존 로빈스 지음, 손혜숙·이무열 옮김, 아름드리미디어, 2000.

전염병 시대가 열리다

20세기에 인류는 세균, 바이러스, 기생충을 박멸하기 위해 안간힘을 써왔습니다.
의학의 발전으로 인류는 잠시나마 '승리'한 것으로 착각하기도 했습니다.
하지만 21세기가 시작된 지금 전세는 역전된 듯합니다.
특히 열대우림 생태계가 파괴되면서 지금까지 접하지 못했던 많은 세균과 바이러스가
우리 앞에 등장할 징조를 보이고 있습니다.

혹시 '에볼라 바이러스'를 소재로 한 영화 「아웃 브레이크」(볼프강 페터슨 감독)를 본 적이 있나요? 실제로 이 바이러스는 세계보건기구(WHO)가 '세계 제일의 호전적 바이러스'라고 일컬을 만큼 치명적입니다. 이 바이러스에 감염되면 고열에 시달리다 코, 입 등에서 다량의 출혈이 일어나며 일주일 내에 사망하게 됩니다. 1976년에 첫 희생자가 나온 후, 주로 열악한 위생 상태의 아프리카에서 많은 희생자들이 계속 나오고 있습니다.

정작 요즘 같은 과학기술 시대에 인류를 위협하는 '공동의 적'이 나타났습니다. 에이즈와 인간광우병 그리고 조류 인플루엔자 등이 그 대표적인 예라고 할 수 있습니다. 아직 전 세계로 전염이 확산되는 사태는 발생하지 않았지만, 에볼라와 같은 아프리카에서 유래한 신종 전염병 역시 우려스럽기 짝이 없습니다. 정말 인류는 흑사병이 전 유럽을 덮쳤던 중세시대와 같이 대대적인 전염병 재앙을 맞이하게 되는 걸까요?

세계화의 또 다른 부작용, 공항 말라리아

최근 들어 '공항 말라리아' 때문에 각 나라 방역 당국이 골머리를 앓고 있습니다. 잘 알다시피 말라리아균을 인간한테 옮기는 범인은 암컷 모기입니다. 암컷 모기가 난자를 만드는 데는 다름 아닌 동물의 피 속에 든 단백질이 필요합니다. 식물의 즙만으로 생존이 가능한 수컷 모기와는 다르지요. 이렇게 피를 탐식하는 암컷 모기가 사람을 물 때, 말라리아균은 모기의 침과 섞여서 사람의 몸속으로 들어갑니다.

최근 들어 말라리아균을 옮기는 아노펠레스(anopheles) 속(屬) 모기의 서식지가 급속히 늘어나고 있습니다. 이 아노펠레스 속 모기들은 온도에 아주 민감한 것으로 알려져 있습니다. 말라리아가 열대 지방에서 주로 발생한 것도 이 때문입니다. 이 열대 지방에 살던 모기들이 수하물이나 화물 컨테이너 속으로 따라 들어와 아시아, 아프리카의 열대 지방에서 훨씬 더 북쪽으로 급속히 퍼지고 있습니다. 세계화의 부작용이라고나 할까요?

이 모기의 행동반경은 대개 3킬로미터 내외라고 합니다. 그러나 바람을 타고 더 멀리까지도 날아갈 수 있습니다. 최근에는 국제공항에서 약 30킬로미터 떨어진 곳에서도 모기가 발견돼 사람들을 놀라게 하기도 했습니다. 1999년 여름에는 룩셈부르크 공항에서 4킬로미터 떨어진 47세의 여성이 말라리아에 감염돼 치료를 받았습니다. 나중에 확인을 해보니 이 여성이 말라리아에 걸린 이유 역시 항공 화물을 따라 들어온 모기 때문이었습니다.

일단 모기가 공항까지 비행기를 타고 오더라도 비행기 밖으로 돌아다니기 위해서는 기온이 어느 정도 높아야 합니다. 말라리아균을 옮기

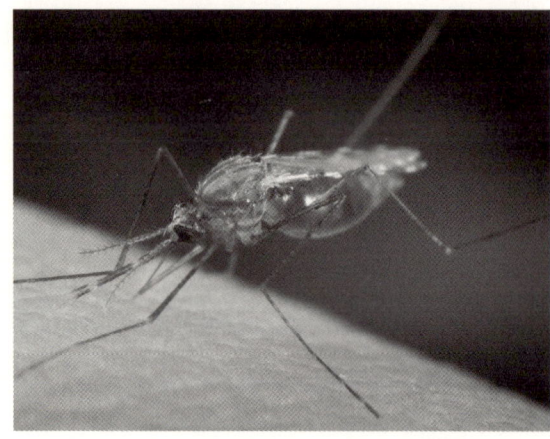

는 모기는 온도에 민감하기 때문에 최소한 섭씨 18도의 기온이 유지돼
야 하거든요. 바로 여기서 지구 온난화에 따른 기후 변화와 전염병 재
앙의 관련성이 드러납니다. 지구가 점점 더 따뜻해질수록 말라리아 모
기의 서식지도 급속히 늘어날 수밖에 없으니까요.

지구 온난화, 지구를 '모기의 천국' 으로 만들다

한 가지 예를 들어볼까요? 독일에서 말라리아가 마지막으로 크게 돌았
던 곳은 1946년의 베를린이었습니다. 그해 여름은 유난히 더웠던 것으
로 기록되고 있습니다. 대강 짐작이 가시지요? 제2차 세계대전이 끝나
고 북아프리카에서 독일 군인들이 귀환하면서 말라리아를 옮기는 모
기가 함께 들어왔고, 유난히 더웠던 날씨가 그들의 활동을 더욱더 자극
했던 것입니다.

더구나 아노펠레스 속 모기는 알에서 피를 빨아먹는 성충으로 자라

기까지 섭씨 20도의 온도에서는 평균 약 3주가 걸리는 반면, 섭씨 31도에서는 7일이면 충분합니다. 만약 기후학자의 예견대로 지구의 기온이 21세기 말에 섭씨 1.4~5.8도 정도 더 올라간다면 어떤 일이 발생할까요? 수년 전부터 기후 변화에 따른 전염병 재앙을 경고해온 틸 바스티안은 이런 사실을 염두에 두고 다음과 같은 끔찍한 시나리오를 제시합니다.

① 외국에서 들어온 아노펠레스 속 모기가 가장 더운 지역에 자리를 잡고 서식하게 된다. ② 모기가 국외에서 말라리아균을 직접 몸 안에 가지고 들어오든가, 말라리아에 걸린 사람으로부터 말라리아균에 감염된 후 이것을 퍼뜨린다. ③ 아노펠레스 속 모기의 돌연변이가 생겨나 지금까지 있던 종보다 추운 지역의 기후에 더 잘 적응하게 된다. ④ 새로운 말라리아균의 변종이 생겨나 현재의 예방과 치료 방법의 범위를 벗어나게 된다.

실제로 이런 일은 이미 현실이 되고 있습니다. 이미 말라리아가 없어졌거나 아직 발생한 적이 없던 지역에서 말라리아가 다시 둥지를 틀고 있거든요. 예를 들어 해발 1,800미터나 되는 아프리카 케냐의 고지대에서는 1999년부터 갑자기 전에 없던 말라리아가 발병했습니다. 교통 환경이 개선되면서 고지대와 저지대의 교류가 빈번해진 데다가 고지대의 기온까지 올라가는 바람에 말라리아가 그 영역을 넓힌 것입니다.

또한 1990년부터 미국 텍사스, 플로리다, 조지아, 미시건, 뉴저지, 뉴욕 주에서도 기온이 올라가면서 말라리아가 발병했습니다. 말라리아균을 옮기는 아노펠레스 속 모기가 미국에서 떼를 지어 살 수 있는 충분한 온도와 습기를 만난 것입니다. 이런 현상은 한반도와 남유럽,

구소련 등에서도 똑같이 반복되고 있습니다. 미국 하버드 대학의 폴 엡스타인(Paul Epstein)은 그 중요한 원인이 바로 지구 온난화로 인해 기후가 변한 탓이라고 지적합니다.

전염병 재앙의 도래

20세기에 인류는 세균, 바이러스, 기생충을 박멸하기 위해 안간힘을 써 왔습니다. 의학의 발전으로 인류는 잠시나마 '승리' 한 것으로 착각하기도 했습니다. 하지만 21세기가 시작된 지금 전세는 역전된 듯합니다. 특히 나름대로 균형을 이뤘던 열대우림 생태계가 파괴되면서 지금까지 접하지 못했던 많은 세균과 바이러스가 우리 앞에 등장할 징조를 보이고 있습니다. 에볼라는 그 한 예라고 할 수 있지요.

더구나 이들 세균과 바이러스는 그전까지 공생 관계였던 숙주 동물이 인간에 의해 파괴되면서 새로운 숙주를 찾을 수밖에 없습니다. 그 대상은 가장 많으면서도 새로운 세균과 바이러스에 취약한 인간이 될 수밖에 없습니다. 원래 열대우림에 서식하던 원숭이가 숙주였던 에이즈 바이러스도 이런 재앙의 예고편일지 모릅니다.

■ 한 걸음 더 : 흑사병은 '페스트'가 아니다?

전염병을 의미하는 영어 단어 'plague' 는 그 자체로 특정한 전염병을 지칭하는 고유명사이기도 합니다. 바로 14세기부터 17세기 말까지

300년이 넘게 유럽을 휩쓸며 유럽 인구의 절반을 희생물로 삼켜버린 '흑사병'이 그 단어의 원래 주인입니다. 1347년 10월, 이탈리아 시칠리아 섬에 상륙한 흑사병은 불과 3년 만에 북극으로까지 번졌습니다. 바다 건너 영국, 아일랜드, 아이슬란드도 예외가 아니었습니다.

주기적으로 유럽을 공포로 몰아넣던 이 흑사병은 17세기 중반에 갑작스럽게 자취를 감춥니다. 이 흑사병은 대개 쥐벼룩을 통해 옮겨지는 페스트로 알려졌습니다. 그런데 최근 일부 학자를 중심으로 흑사병이 쥐벼룩을 통해 전염되는 수인성 전염병이 아니라 사람과 사람 사이에 직접 전염되는 바이러스성 전염병이라는 주장이 새롭게 제기되고 있습니다. 바로 에볼라와 같은, 아프리카에서 유래한 패혈성 전염병이라는 것입니다.

이런 주장의 가장 유력한 근거는 바로 흑사병에 대한 과거 기록입니다. 역사학자인 수잔 스콧(Susan Scott)과 동물학자인 크리스토퍼 던컨(Christopher Duncan)은 오랜 연구를 통해 유럽을 덮친 흑사병이 감염된 때부터 사망에 이를 때까지 평균 기간이 37일이라는 사실을 확인합니다. 페스트는 감염 시점부터 2~6일이면 증상이 나타나 한 주일을 채 넘기지 못하는 경우가 대부분입니다. 이탈리아의 항구 도시들이 외지에서 온 배를 40일간 격리 조치한 것도 흑사병이 페스트와는 전혀 다른 성격의 '괴질'이라는 사실을 가리킵니다.

에볼라의 증상은 흑사병과 유사하지만, 감염된 때부터 사망에 이르는 기간이 일주일이 채 못 되기 때문에 역설적으로 널리 퍼지지 못합니다. 만약 흑사병처럼 에볼라의 잠복기가 수주일에 달한다면 어떻게 될까요? 비행기로 세계 곳곳을 24시간 이내에 갈 수 있는 오늘날, 중세 유럽이 그랬던 것처럼 지구촌 전체가 순식간에 전염

병 대재앙을 맞을 것입니다. 스콧과 던컨에 따르면 '흑사병의 귀환'
이 그리 멀지 않은 것이지요..

:: **깊이 읽기**

『**가공된 신화, 인간**』, 틸 바스티안 지음, 손성현 · 박성윤 옮김, 시아출판사, 2005.
『**흑사병의 귀환: 인류 역사 최악의 연쇄 살인마**』, 수잔 스콧 · 크리스토퍼 던컨 지음, 황정연 옮김, 황소자리, 2005.

사라진 파랑새를 찾습니다!

이 파랑새의 비극은 지금도 지구 곳곳에서 계속되고 있습니다.
유엔이 발간한 『밀레니엄 지구 생태계 평가 보고서』를 보면, 지구 생태계를
구성하는 종의 10퍼센트가 이미 멸종했습니다. 지구 생태계 자원 60퍼센트가 고갈·악화됐고,
지금 이대로라면 앞으로 50년 동안 상황은 더욱더 악화될 가능성이 높습니다.

모리스 마테를링크(M. Maeterlinck)의 동화 『파랑새』를 기억하나요? 이 동화에서 치르치르와 미치르 남매는 행복을 가져다 주는 파랑새를 찾아 헤매며 온갖 고난을 겪습니다. 그런데 동화의 세계가 아니라 진짜로 파랑새를 찾아 헤매는 사람이 있습니다. 바로 멸종 위기에 처한 파란색 앵무새를 찾아 전 세계를 누비는 환경운동가들이 그 주인공입니다. 이들을 애태우는 파랑새는 바로 브라질 오지에 살고 있는 스픽스유리금강앵무새입니다.

스픽스유리금강앵무새는 발견된 지 200년도 안 돼 결국 야생에 단한 마리만 남는 신세가 됐습니다. 댐이 건설되면서 이 앵무새가 서식하던 숲이 파괴됐기 때문입니다. 본격적으로 사탕수수 재배가 시작되면서, 남아 있던 숲도 밭으로 개간되기 일쑤였습니다. 앵무새를 더 위협한 것은 바로 이 희귀한 파랑새를 새장에 가두고 소유하고 싶은 삐뚤어진 인간의 탐욕이었습니다. 결국 2000년 1월에 암컷 앵무새가 사라진후, 야생에 남은 앵무새는 수컷 한 마리뿐입니다.

이 파랑새의 비극은 지금도 지구 곳곳에서 계속되고 있습니다. 유엔

스픽스유리금강앵무새 :
대규모 개발과 밀렵으로 인해 멸종 위기를 코앞에 둔 세
상에 단 하나뿐인 앵무새.

이 발간한 「밀레니엄 지구 생태계 평가 보
고서」를 보면, 지구 생태계를 구성하는 종
의 10퍼센트가 이미 멸종했습니다. 현재 양
서류 32퍼센트, 포유류 25퍼센트, 조류 12
퍼센트가 멸종 위기에 놓여 있습니다. 지구
생태계 자원 60퍼센트가 고갈·악화됐고,
지금 이대로라면 앞으로 50년 사이에 상황
은 더욱더 나빠질 가능성이 높습니다.

환경의 역습

유엔의 경고와는 달리 정작 대부분의 사람들은 이런 사태에 시큰둥합
니다. 지난 세기 많은 비관론자들의 경고에도 불구하고 오늘날 지구는
그럭저럭 살 만해 보이기 때문입니다. 오늘날 많은 사람들은 과거 어느
때보다 쾌적한 환경에서 풍족한 생활을 누리고 있습니다. 그런데 한 가
지 잊은 게 있습니다. 한 편에서는 파랑새를 비롯한 수많은 생물이 지
구에서 사라졌고, 지금도 사라지고 있다는 사실입니다. 그리고 환경은
점차 인간을 향해 칼날을 세우고 있습니다.

그중 가장 두드러진 문제는 바로 '지구 온난화'입니다. 이산화탄소
(CO_2)와 같은 온실가스로 인해 진행되는 지구 온난화에 대해서는 이름
깨나 있는 과학자와 언론이 앞장서 '과장'이라고 목소리를 높이는 경
우가 많습니다. 그러나 진실은 정반대입니다. 지구 온난화가 현재 진행
형이라는 데는 대다수 과학자들이 동의하고 있습니다. 이 분야의 권위

있는 과학자 중에서 지구 온난화가 진행 중이라는 데 회의적인 과학자는 찾아보기 어렵습니다.

『사이언스』의 편집장 도널드 케네디(Donald Kennedy)는 이렇게 이야기합니다. "과학계에서 이 문제만큼 완벽하게 의견이 일치한 주제를 찾기란 거의 불가능할 것이다." 10년 동안 『네이처』, 『사이언스』와 같은 과학 학술지에 발표됐던 지구 온난화에 관한 논문 중에서 918편(10퍼센트)의 논문을 무작위로 선택해 살펴본 연구 결과를 한번 볼까요? 이 문제에 이견을 제기한 논문은 단 한 편도 없었습니다.

온도 측정이 시작된 이래로 역사상 가장 뜨거웠던 스물한 해를 꼽는다면, 그중 스무 해가 지난 25년 안에 몰려 있습니다. 가장 뜨거웠던 해는 바로 2005년입니다. 더구나 이 기록은 해마다 경신되고 있습니다. 지구 온난화에 따라 각종 기상이변도 눈에 띄게 늘어났지요. 2004년에 남대서양에서 사상 최초로 허리케인이 발생해 브라질을 강타한 것은 그 단적인 예입니다. 이전 교과서에서는 "남대서양에서는 허리케인이 발생할 수 없다"고 적고 있지요.

1970년대 이후로 북극 만년설도 녹고 있습니다. 최근 북극곰의 익사 사고가 상당히 증가하고 있는 것도 이 때문입니다. 북극의 만년설이 녹는 바람에 요즘 곰들은 한 부빙에서 다른 부빙으로 건너가기 위해 훨씬 먼 거리를 헤엄쳐야 합니다. 이 과정에서 지쳐 익사하는 것이지요. 미국 전 부통령 앨 고어가 직접 등장해 지구 온난화를 경고하는 영화 「불편한 진실」(데이비드 구겐하임 감독)을 보면 거의 탈진 상태에 이른 불쌍한 북극곰을 볼 수 있습니다.

북극과 그린란드의 만년설이 녹을 때 발생할 수 있는 더 심각한 일은 바로 기후의 급격한 변화입니다. 북극과 그린란드의 얼음이 급속

무너져 내리는 빙하 :
지구 온난화로 인해 거대한 빙하가 빠르게 녹아 무너져 내리고 있다. 이에 따라 점점 해수면이 상승되어 태평양과 인도양, 카리브해의 수많은 섬나라들이 존망의 위기에 처해 있다.

히 녹으면서 해류의 정상적인 흐름을 방해할 수 있습니다. 따뜻한 멕시코 만류가 서부 유럽에 더 이상 열을 공급하지 못하게 되면, 유럽 전체가 급속히 빙하기를 다시 겪을 가능성 또한 배제할 수 없습니다. 영화 「투모로우」(롤랜드 에머리히 감독)는 바로 이런 상황을 과장되게 그린 것이지요.

기업이 '뒤' 봐주는 '뒷골목' 과학

물론 과학자들 사이에도 지구 온난화에 따른 기후 변화의 규모와 속도에 대해서는 논란이 있습니다. 그러나 「뉴욕타임스」, 「워싱턴포스트」, 「로스앤젤레스타임스」, 「월스트리트저널」과 같은 언론에 지구 온난화에 대해 의심을 드러낸 기사가 무려 절반이 넘는다는 것은 큰 문제입니다. 도대체 대다수 과학자가 지구 온난화에 동의하는 상황에서 의심의 목소리가 왜 이리 많은 것일까요?

안타깝게도 이렇게 지구 온난화에 의심의 목소리를 내는 대표적인 과학자의 뒤에는 대개 석유, 석탄 기업이 있는 것으로 조사됐습니다. 석유, 석탄 기업들은 막대한 돈을 쏟아 부으며 이들 과학자를 내세워 대중들이 지구 온난화에 대해 의심을 품도록 조장해왔습니다. 한 가지 예를 들어볼까요? 110명의 '세계적인 대기과학자'가 서명했다는 한 선언문(「라히프치히 선언문」)을 살펴봅시다.

이 선언문의 실상을 들여다보면 실소밖에 안 나옵니다. 정작 이 선언문에 서명을 한 110명의 명단을 확인해보니 대기과학자는 단 한 명도 포함돼 있지 않았습니다. 심지어 서명자 가운데 25명은 텔레비전 기상캐스터였습니다. 그러나 이 선언문은 「월스트리트저널」과 같은 유수의 언론에 크게 보도되었습니다. 미국의 상·하원에도 권위 있는 대기과학자의 의견이라며 제출됐다고 합니다. 이쯤 되면 웃어야 할지, 울어야 할지 모르겠습니다.

더 심한 예도 있습니다. 미국의 조지 W. 부시 대통령이 지구 온난화를 막기 위한 범지구적 노력에 찬물을 끼얹어온 것은 잘 알려진 사실입니다. 2001년, 부시 대통령은 6년간 미국석유협회와 함께 지구 온난화 주장을 흠집 내는 캠페인을 벌여온 필립 쿠니를 환경 담당 보좌관으로 임명했습니다. 쿠니는 4년이 넘도록 지구 온난화의 부정적인 면이 언급된 보고가 올라오기만 하면 삭제하도록 하는 '만행'을 저질렀습니다.

이 쿠니의 행동은 결국 내부의 양심적인 고발자에 의해 「뉴욕타임스」에 폭로됐습니다. 이 신문의 폭로에 따르면 쿠니는 "지구 온난화 탓에 어업 등에 종사하는 국민이 심각한 영향을 입을 것"이라는 내용이

결국 쿠니는 환경 담당 보좌관 자리에서 불명예스럽게 물러날 수밖에 없었지요.
그럼 이후 쿠니는 어떻게 됐을까요?
사임하자마자 그는 미국의 석유 기업 엑손모빌로 출근했습니다.

포함된 보고서를 자기 입맛대로 삭제·편집을 했다고 합니다. 결국 쿠니는 환경 담당 보좌관 자리에서 불명예스럽게 물러날 수밖에 없었지요. 그럼 이후 쿠니는 어떻게 됐을까요? 사임하자마자 그는 곧바로 미국의 석유 기업 엑손모빌로 출근했습니다. (앞으로 국내에서 지구 온난화에 딴죽을 거는 과학자의 이력도 한번 잘 살펴보십시오!)

파랑새를 찾았나요?

앞에서 살펴봤듯이 지구 온난화는 매우 심각한 문제입니다. 지구는 그다지 강하지 않으며, 어쩌면 인류는 이미 돌이킬 수 없을 정도로 지구 환경을 망쳐버린 것일지도 모릅니다. 세계의 주류 정치인 가운데 이 문제에 가장 큰 관심을 보이고 있는 앨 고어는 말합니다. '나는 지구 온난화에 대응하는 것이 도덕적인 문제라고 확신한다. 이제 우리 스스로 떨쳐 일어나 인류의 미래를 지켜야 한다."

치르치르와 미치르가 파랑새를 찾아 헤매다 결국 깨달은 것은 바로 옆에 '행복의 파랑새'가 있다는 것이었지요. 어쩌면 환경문제의 해결도 이런 파랑새와 같은 것일지 모르겠습니다. 그 심각성을 깨닫고 일상 속에서 꾸준히 해결책을 찾는 것이야말로 더디지만 가장 확실하게 환경문제를 해결할 수 있는 방법이 아닐까요? 지구 온난화가 가져올 문제의 심각성을 인식하는 것은 바로 이런 행동을 위한 첫걸음입니다.

■ **한 걸음 더 : 환경의 가치?**

항상 "먹고살기도 힘든데 무슨 환경 타령"이냐고 지청구를 놓는 사람이 있습니다. 이런 사람치고 정작 다른 사람의 먹고사는 문제에는 그다지 관심이 없는 경우가 대부분이지만요. 자, 아무튼 이런 사람을 위해서 그들이 좋아하는 '돈'으로 '생명의 가치'를 환산해볼까요?

1997년 경제학자와 환경학자들로 이루어진 국제 연구진은 자연계의 생물 환경에서 인류가 공짜로 이용하는 환경 서비스를 달러로 환산했습니다.

이들은 환경 서비스가 무려 연간 33조 달러 이상이라고 추정했습니다. 이 액수는 세계의 모든 나라의 국민 총생산, 즉 18조 달러 정도 되는 세계 총생산의 2배에 가깝습니다. 물론 이런 환경 서비스를 전적으로 인간이 제조한 대체품으로 바꾸려고 노력한다면 전 세계 총생산은 적어도 33조 달러 이상으로 늘어날 것입니다. 그러나 이런 일은 사실상 불가능합니다. 저명한 생물학자 에드워드 윌슨(Edward O. Wilson)은 경고합니다. "환경 서비스를 대체하려고 시도하면 할수록 그 결과는 참담할 뿐이다."

:: 깊이 읽기

『스픽스의 앵무새: 세상 하나뿐인 앵무새 살리기』, 토니 주니퍼 지음, 이종훈 옮김, 서해문집, 2005.
『불편한 진실: 앨 고어의 긴급 환경 리포트』, 앨 고어 지음, 김명남 옮김, 좋은생각, 2006.
『거짓 나침반: 거대기업과 전문가들은 어떻게 정보를 조작하는가』, 셸던 램튼·존 스토버 지음, 정병선 옮김, 시울, 2006년.

당신의 정자가 위험하다

수많은 호르몬이 우리 몸 구석구석을 돌면서 각각의 세포가 제 역할을 하도록
돕는다는 것은 잘 알려진 사실입니다. 호르몬은 동물의 발달, 성장, 생식, 행동에 중요한 역할을
미치는 일종의 아주 중요한 '화학 신호'입니다.
환경호르몬은 이렇게 중요한 신호 전달 과정에 끼어들어 훼방꾼 노릇을 합니다.

플라스틱 용기가 주부에게 공포의 대상으로 떠오르고 있습니다. 용기에서 나오는 환경호르몬이 여성의 생리통을 유발할 뿐만 아니라 아이의 생식기 기형까지 유발할 수 있다는 방송 프로그램이 나온 후 생긴 현상입니다. 온 동네마다 겹겹이 쌓여 있는 플라스틱 용기 더미를 보면서 참 답답했습니다. 환경호르몬이 인류의 미래에 얼마나 심각한 위협을 가할 수 있는지, 이미 10년 전에 경고가 나왔기 때문입니다.

1996년, 테오 콜본(Theo Colborn)은 동료 둘과 함께 『도둑맞은 미래』라는 음산한 제목의 책 한 권을 냅니다. 당시 서문에서 미국의 전 부통령 앨 고어는 이렇게 말합니다. "정자 수의 감소, 생식기 기형, 호르몬이 유발하는 암과 같은 수많은 사례는 (지금은 환경호르몬이라고 불리는) 화학물질과 분명히 관계가 있다." 그러니까 이번 호들갑은 늦어도 한참 늦은 셈입니다.

할머니, '도둑맞은 미래'를 예고하다

1947년, 갑자기 양상이 변했다. 독수리 새끼의 수가 급격히 감소했고 독수리 쌍의 이상한 행동이 자주 관찰되었다. 때는 성숙한 새들이 짝을 찾고 가지를 모으고 둥지를 틀면서 구애를 시작하는 초겨울이었다. (……) 그러나 성숙한 독수리의 3분의 2가 짝짓기에 무관심한 것처럼 보였다. 그들은 어떤 구애의 몸짓도 하지 않았다. 그들은 짝짓기에 전혀 관심을 보이지 않았다. 그 새들은 '빈둥거리고' 있었다. (1952년, 미국 플로리다)

고등학교 학생도 현미경 아래에서 헤엄치고 있는 작은 올챙이 같은 인간 정자에서 기형을 알아차릴 수 있다. 한 표본 안에서도 어떤 정자는 머리가 둘이고 어떤 것은 꼬리가 둘이며 어떤 것은 머리가 아예 없다. 많은 수가 똑바로 헤엄치지 못하거나 전혀 움직이지 않고, 아니면 강하고 지속적인 움직임 대신에 미친 듯이 지나친 움직임을 보인다. (……) 인간의 평균 정자 수는 1938년에서 1990년에 이르는 동안 거의 50퍼센트나 감소했다. (1992년, 덴마크 코펜하겐)

1950년부터 수십 년간 세계 도처에서 이상한 현상이 발견됐습니다. 동물의 생식 기능 손상, 생식기의 결함, 갑작스런 개체 수 감소 등……. 뭔가 무서운 일이 진행되고 있는데, 수십 년간 그 누구도 이것이 어떤 공통된 원인에 의한 것이라고는 생각지 못했습니다. 만약 한 60세 할머니가 아니었다면, 그 위험이 세상에 알려지는 데는 훨씬 더 긴 시간이 걸렸을지도 모릅니다. 바로 콜본이 그 주인공입니다.

콜본은 원래 약사였습니다. 그러나 1962년에 귀농해 20여 년간 농부로 살아왔습니다. 농사를 지으면서도 틈틈이 새를 관찰하고, 인근 환경단체에서 자원 활동을 해왔던 그는 50대부터 새로운 삶을 살기로 결심합니다. 뒤늦게 동물학을 공부하기 위해 대학원에 진학한 것이지요. 1985년 박사 학위를 딸 때 그의 나이는 58세였습니다. 워싱턴의 한 환경단체에 연구원으로 자리를 잡은 그는 곧바로 세계를 경악하게 할 만한 사실을 알게 됩니다.

콜본은 세계 곳곳에서 작성된 과학자의 논문, 정부 보고서를 통해 이 무서운 현상이 바로 호르몬과 깊은 관련이 있다는 것을 간파합니다. 바로 환경호르몬이라고 불리는 '내분비계 교란 물질(endocrine disrupter)'의 위험을 알아차리게 된 것이지요. 1991년에는 그의 노력 덕분에 수십 년간 고립되어 각자 연구에만 매진해온 과학자들이 한데 모여 자신의 경험과 연구 성과를 서로 나누기도 합니다. 그들은 회의 후 발표한 「윙스프레드 선언문」을 통해 최초로 환경호르몬의 위험을 경고하고 대응을 촉구했습니다.

이미 1990년에 그간의 성과를 모아 책을 출간하기도 했던 콜본은 이렇게 환경호르몬의 위험을 대중에게도 알릴 필요성을 느꼈습니다. 1996년에 과학 저술가 등의 도움을 받아 내놓은 『도둑맞은 미래』는 바로 그 결과물입니다. 이 책은 미국은 물론이고 1997년에는 한국에도 소개되는 등, 전 세계적으로 환경호르몬의 위험을 경고하는 기념비적 저작으로 기록되고 있습니다.

123

환경호르몬의 역습

그렇다면 도대체 내분비계 교란 물질, 곧 환경호르몬이 왜 위험할까요? 수많은 호르몬이 우리 몸 구석구석을 돌면서 각각의 세포가 제 역할을 하도록 돕는다는 것은 잘 알려진 사실입니다. 호르몬은 동물의 발달, 성장, 생식, 행동에 중요한 역할을 미치는 일종의 아주 중요한 '화학 신호' 입니다. 환경호르몬은 이렇게 중요한 신호 전달 과정에 끼어들어 훼방꾼 노릇을 합니다.

예를 하나 들어볼까요? 1938년 최초로 합성된 DES(diethylstilbestrol)라는 물질이 있습니다. 이 물질은 체내에 들어가면 여성호르몬 에스트로겐과 똑같은 반응을 일으킵니다. 처음에는 의사들이 멋도 모르고 에스트로겐이 부족한 여성에게 이 물질을 대신 사용했습니다. 그렇게 수십 년간 DES를 사용한 결과는 끔찍했습니다. 임신 기간 동안 DES를 복용한 여성이 낳은 'DES 아들' 과 'DES 딸' 이 문제였습니다.

그들은 질암, 생식기 기형, 정자 수 감소, 정자 질 하락 등의 증상을 보였습니다. 어머니의 체내로 들어간 DES가 대를 이어 전달되어, 호르몬의 섬세한 조절이 필요한 성장기의 자녀에게 치명적인 결과를 가져다준 것입니다. 특히 남성이 DES와 같이 체내에서 여성호르몬과 비슷한 작용을 하는 환경호르몬에 노출되었을 경우, 정자 수 감소 등의 현상이 나타나는 사례가 세계 각국에서 보고되고 있습니다.

더군다나 환경호르몬은 아주 적은 양으로도 몸 안의 호르몬 전달 과정을 엉망으로 만들 수 있기 때문에 더 위험합니다. 남성 태아의 경우 처음에는 여성 생식기를 갖고 있다가 남성호르몬의 신호를 받아 남성 생식기로 변하는 과정을 거칩니다. 만약 이 과정에서 환경호르몬이 개입하면 자신의 성(性)과는 다른 생식기를 갖게 되겠지요. 이런 생식기 기형에 영향을 주는 호르몬은 극히 적은 양에 불과합니다.

환경호르몬과 관련된 위험은 갈수록 높아지고 있습니다. 2006년 국정감사가 한창이던 때, 한숨이 저절로 나오는 심각한 자료를 접했던 이야기를 해보겠습니다. 바로 한국식품의약품안전청에서 최근 몇 년간 모유에 들어 있는 다이옥신 농도를 측정한 결과였습니다. 놀랍게도 '세상에서 가장 안전한 먹을거리'인 모유에서 상당한 수준의 다이옥신이 검출되고 있었습니다. 다이옥신은 그 자체로도 독성이 아주 강한 대표적인 환경호르몬입니다.

그나마 국내에서 측정된 결과가 세계보건기구(WHO)에서 조사한 모유에 들어 있는 세계 각국의 다이옥신 농도와 비교하면 낮은 수준이라는 데 위안을 삼아야 할까요? 환경호르몬은 일단 체내에 들어오면 분해, 배출이 잘 되지 않으니 조심 또 조심하는 수밖에 없습니다. 당장 식품이나 수액 용기, 장난감 등을 만들 때 널리 쓰이는 폴리염화비닐(PVC)에서도 환경호르몬으로 작용할 수 있는 DEHP(diethylhexyl phthalate)가 나오니까요.

환경호르몬 논쟁은 계속된다

그럼, 이렇게 무서운 환경호르몬을 왜 정부가 앞장서서 규제하지 못할까요? 바로 불확실성 때문입니다. 이 환경호르몬의 위험과 관련해서 과학계는 여전히 논쟁 중에 있습니다. 환경호르몬이 실제로 어떤 과정을 통해 몸에 치명적인 해를 가하는지, 이 물질에 얼마나 노출됐을 때

125

레이첼 카슨의 포스터 :
시적 언어로 자연의 중요성을 이야기한 환경 운동가이자
생물학자.

독성이 나타나는지 등을 놓고 논란이 계속
되고 있거든요. 심지어 환경호르몬으로 작
용하는 화학물질이 무엇인지가 논란이 되
는 경우도 있고요.

물론 이렇게 논란이 계속되는 데는 온갖
유해한 화학물질을 생태계에 방출해온 기
업의 훼방도 한몫했습니다. 콜본의 『도둑맞
은 미래』가 처음 나왔을 때, 주로 기업의 이
해를 대변하는 「월스트리트저널」은 환경을
팔아먹는 '거짓말'이라고 이 책을 비판했
습니다. 기업의 지원을 받은 일부 과학자들
은 "이 책은 '어쩌면 ~일지도 모른다(might)'

를 30번, '어쩌면 ~일 것이다(may)'를 35번, '가능성이 있다(could's)'는 셀
수 없이 사용한다"며 그 신빙성에 의문을 제기하기도 했습니다.

그러나 이런 온갖 훼방에도 현재 환경호르몬의 위험은 갖가지 후속
연구를 통해 계속 밝혀지고 있습니다. 이게 다 콜본의 공이지요. 미국
의 한 시민단체는 2004년 '레이첼 카슨 상'을 수여하는 것으로 그에게
고마움을 표시했습니다. 당시 콜본의 나이는 79세였습니다.

■ 한 걸음 더 : 미친 여자 취급받은 레이첼 카슨

혼히 『도둑맞은 미래』는 1962년에 발표된 레이첼 카슨(Rachel
Carson)의 『침묵의 봄』을 잇는 책으로 평가받습니다. 카슨은 이 책

에서 봄이 왔는데 새소리가 들리지 않고, 강에는 헤엄치는 물고기가 없고, 꽃이 피는데도 나비가 안 보이는 '침묵의 봄'의 원인으로, 당시 '기적의 살충제'로 불렸던 DDT(dichloro-diphenyl-trichloroethane)를 비롯한 화학물질을 지목해 큰 충격을 줬습니다.

당시에는 이런 카슨의 지적이 거부되었습니다. 살충제를 제조하는 화학 회사는 물론이고 정부까지 앞장서 "카슨이 확인되지 않은 비과학적인 주장을 퍼뜨리고 있다"고 비난했습니다. 심지어 "학위가 없는 여자가 하는 이야기는 믿을 수 없다", "히스테리 증상이 있는 미친 여성이다", "카슨은 동성애자다" 등, 당시 퍼부을 수 있는 온갖 악의적인 음해도 마다하지 않았습니다.

실제로 카슨이 가난 때문에 박사 학위 과정을 중퇴할 수밖에 없었던 데다, 『침묵의 봄』을 내고 나서 2년 뒤인 57세의 나이로 세상을 뜰 때까지 결혼하지 않은 사실 등을 염두에 둔 음해성 발언이었지요. 그로부터 34년 뒤 『도둑맞은 미래』를 놓고 "콜본이 돈벌이에 혈안이 돼 환경을 이용한다", "한 할머니가 유언비어로 세상을 소란케 한다"라고 비난한 것과 놀랄 만큼 똑같은 모습입니다.

이들의 훼방에도 불구하고 카슨의 선구적인 지적은 오늘날 상식으로 받아들여집니다. 자, 가만히 생각해보십시오. 해충에게만 해가 되고 사람에게 피해를 주지 않는 물질이 있으리라는 것만큼 어리석은 생각도 없습니다. 해충을 잡듯이 사람에게 영향을 미치기 위해서는 곤충보다 훨씬 더 많은 양이 필요하기 때문에 사람에게서 그 피해가 쉽게 드러나지 않을 뿐이지요.

카슨을 비난하던 그들은 이런 과학적인 생각을 왜 하지 못했을까요? 아마 살충제를 팔아서 막대한 이익을 챙기던 화학 회사의 입김도 작용했겠지요. 그러나 더 중요한 이유는 다른 데 있었습니다. 바로 과학기술로 어떠한 문제든 다 해결할 수 있다는 그릇된 확신이 합리적인 사고를 방해하고, 더 나아가 진실을 외치는 카슨을 외면하게 만들었습니다. 카슨은 당시에 만연하던 '과학기술로 모든 것을 해결할 수 있다'는 생각을 뒤흔들었습니다.

:: 깊이 읽기

『**도둑맞은 미래**』, 테오 콜본·다이앤 듀마노스키·존 피터슨 마이어 지음, 권복규 옮김, 사이언스북스, 1997.

『**침묵의 봄**』, 레이첼 카슨 지음, 김은령 옮김, 에코리브르, 2002.

『**레이첼 카슨 평전: 시인의 마음으로 자연의 경이를 증언한 과학자**』, 린다 리어 지음, 김홍옥 옮김, 샨티, 2004.

빅 브라더가 지배하는 사회

교통카드, 휴대전화 단말기, 자동차에 심어진 RFID 칩은 끊임없이 정보를 어딘가에 집적하지만
정작 그 정보의 주인은 그런 일이 이루어지고 있는지 인식하지 못합니다.
경찰이 갑자기 교통카드에 기록된 버스의 승·하차 정보를 보고 특정 시점의 알리바이를 묻지 않는 한
그 기술은 단지 '배경'으로만 존재할 뿐입니다.

지난 2005년을 시작으로 한국에서도 매년 '빅 브라더 상' 수상자가 나올 예정입니다. 상은 상인데 썩 명예롭지는 않은가 봐요. 지난해 시상식이 열린 11월 22일에는 수상자들이 한 명도 참석하지 않는 바람에 주최측에서 수상자와 똑같은 모습을 한 인형을 준비해야 했거든요. 하긴, 상 이름부터 기분 나쁠 만합니다. '가장 끔찍한 프로젝트 상', '가장 가증스러운 정부 상', '가장 탐욕스러운 기업 상' 등, 이런 이름을 가진 상을 어느 누가 받고 싶겠습니까?

원래 '빅 브라더'는 조지 오웰(George Orwell)의 소설 『1984』에서 나온 말입니다. 이 소설에서는 모든 정보를 독점하고 사람들을 철저히 감시·통제하는 전체주의 권력이 나오는데, 바로 그 이름이 빅 브라더입니다. 이제 이 상의 정체를 대강 짐작하셨지요? 정부와 기업이 정보통신 기술을 이용해 시민의 프라이버시와 같은 인권을 침해하는 일은 없는지 감시해서, 이런 인권 침해 행위를 한 대표적인 개인과 기관에게 주는 상이 바로 빅 브라더 상입니다.

이 상은 1998년 영국에 본부를 두고 있는 '프라이버시 인터내셔널

129

(Privacy International)'이 제정한 뒤 지금은 독일, 미국, 일본, 프랑스 등 20여 개 나라에서 해마다 시상식을 거행하고 있습니다. 2005년에는 주민등록번호(가장 끔찍한 프로젝트 상), 정보통신부(가장 가증스러운 정부 상), 삼성SDI(가장 탐욕스러운 기업 상)가 첫 번째 수상자로 선정됐습니다. 이 상의 의미는 각별합니다. 이제 본격적으로 '감시 사회'가 도래했음을 알려주는 것이니까요.

감시 사회, 당신도 예외일 수 없다

2004년 국회 국정감사 기간에 있었던 일입니다. 산업자원부 산하 기관에서 노동조합 활동을 열심히 하는 직원을 '지각을 많이 한다'는 이유로 해고한 일이 구설수에 올랐습니다. 알고 보니 사측에서 직원을 해고할 목적으로 출근 기록을 조작한 정황이 발견된 것입니다. 이런 사실은 노동조합에서 해고당한 직원의 버스, 지하철 승·하차 기록을 검토한 끝에 밝혀졌습니다.

그 직원이 가지고 다니는 교통카드의 버스, 지하철 승·하차 기록은 회사가 제시한 지각 기록과 전혀 달랐습니다. 지각했다고 기록돼 있는 날, 회사에서 5~10분 거리의 버스와 지하철 정류장 하차 기록은 모두 출근 시간 훨씬 전이었습니다. 결국 지각 기록까지 조작해 해고하고 싶었던 그 직원은 법원의 명령으로 다시 복직되었습니다. 별 생각 없이 이용하던 교통카드가 얼마나 힘이 센지 새삼 확인할 수 있는 일이었지요.

다른 일도 있습니다. 2004년 초 상당수 사람들이 영문도 모른 채 경찰로부터 특정한 날, 특정한 시간에 무슨 일을 했는지 해명할 것을 요

이 상의 의미는 각별합니다.
이제 본격적으로 '감시 사회'가 도래했음을 알려주는 것이니까요.

구받았습니다. 미궁에 **빠진** 연쇄살인 사건을 해결하기 위해서 경찰이 사건이 일어난 시각에 3번 이상 범행 지역을 지나다닌 사람들을 대상으로 탐문 수사를 벌이는 과정에서 벌어진 일입니다. 물론 경찰은 사람들의 버스 승·하차 기록을 분석해 대상자를 선정했고요.

나중에 진짜 범인(유영철)이 밝혀지긴 했습니다만, 난데없이 경찰과 실랑이를 벌여야 했던 사람들에게는 잊지 못할 색다른 경험이었을 것입니다. 이 역시 사람들이 교통카드를 사용하면서 생긴 일입니다. 마침내 정보를 쥐락펴락할 수 있는 기관(사람)이 마음만 먹으면 나의 이동 경로를 재구성할 수 있는 시대가 왔습니다. 이런 일을 가능하게 하는 것이 바로 '전파 식별(RFID; radio frequency identification)' 기술입니다.

RFID 기술의 빛과 그림자

RFID 기술의 원리 자체는 간단합니다. 각종 정보가 집적된 소형 반도체 칩을 내장한 카드나 꼬리표를 인식기에 갖다대면 여러 가지 정보가 무선으로 인식기에 전송됩니다. 반도체 칩의 저장 용량만 허락한다면 그 안에는 온갖 정보가 다 들어갈 수 있습니다. 개인 신상 정보, 각종 상품의 가격, 제조일, 원산지 정보 등……. 우리가 일상적으로 사용하는 교통카드를 겸한 신용카드, 휴대전화 단말기는 RFID 기술이 적용된 대표적 예라고 할 수 있습니다.

이렇게 버스와 지하철 요금 정산에 RFID 기술이 이용되면서 그 부작용에 대한 우려의 목소리도 높아지고 있습니다. 현재 서울에서는 거리별로 요금 정산을 하고 있기 때문에 개인이 언제, 어디서 버스와 지하철을 타고 내렸는지 모두 추적할 수 있습니다. 특히 신용카드, 휴대전화 단말기와 연동해 버스나 지하철 요금을 정산하는 사람의 경우에는 개인의 이동 경로가 고스란히 기록돼 보관되고 있는 실정입니다. 앞에서 언급했던 예들도 이런 경우에 해당합니다.

앞으로 RFID 기술이 더욱더 보편화되면 어떤 일이 발생할까요? 이미 교도소 수감자, 성범죄 사범, 환자, 노동자의 신체에 RFID 칩을 이식하는 법안이 세계 곳곳에서 추진되고 있습니다. 한국 역시 예외가 아닙니다. 2004년 서울지

교통카드:
교통카드와 신용카드는 RFID 기술이 적용된 대표적 사례. 이를 통해 개인의 이동 경로가 고스란히 기록돼 보관되고 있는 실정이다.

하철공사는 직원에게 RFID 칩이 내장된 목걸이를 걸고 근무하는 방안을 추진하려다 여론의 질타를 받고 포기한 적이 있습니다. 최근에는 서울시가 추진하는 RFID 칩이 문제가 되기도 했고요.

서울시는 승용차 요일제에 참여한다면서 혜택만 누리고 이 제도를 지키지 않는 '얌체족' 을 가려내기 위해서, RFID 칩을 나눠주고 자동차에 부착하도록 했습니다. 여러 가지 혜택 때문에 이 RFID 칩은 시민들의 큰 호응을 얻고 있습니다. 그러나 이 RFID 칩을 부착하면 개인의 운행 기록이 고스란히 서울시의 데이터베이스(DB)에 남을 수 있다는 것에는 아무도 신경을 쓰지 않는 것 같습니다.

서울시는 남산터널을 비롯한 시내 곳곳에 RFID 칩으로부터 정보를 읽을 수 있는 인식기를 부착할 예정입니다. 그렇다면 이 RFID 칩을 단

자동차가 언제, 어디를 이동했는지에 관한 운행 기록이 고스란히 서울시의 데이터베이스에 저장될 수 있습니다. 누군가가 마음만 먹는다면 '소리 없는 추적'이 가능하게 된 것입니다. RFID 기술과 같은 '유비쿼터스(ubiquitous) 기술'의 가장 큰 위험은 바로 여기에 있습니다.

숨어서 감시하는 기술

'유비쿼터스'란 말은 원래 '언제, 어디에나 동시에 존재한다'는 뜻을 지닌 라틴어에서 유래한 말입니다. 1988년 미국의 마크 와이저(Mark Weiser)가 "사용자가 네트워크, 컴퓨터를 의식하지 않고 시간과 장소에 구애받음 없이 자유롭게 네트워크에 접속할 수 있는 환경이 도래할 것"이라고 주장하면서 처음 세상의 주목을 받았습니다. 이미 부분적으로 현실이 되고 있는 와이저의 주장에서 가장 눈여겨볼 대목은 바로 '의식하지 않고'라는 언급입니다.

일단 RFID 칩이 내장되면 평소에 그것을 의식하며 살기란 쉽지 않습니다. 교통카드, 휴대전화 단말기, 자동차에 심어진 RFID 칩은 끊임없이 정보를 어딘가에 집적하지만 정작 그 정보의 주인은 그런 일이 이루어지고 있는지 전혀 인식하지 못합니다. 경찰이 갑자기 교통카드에 기록된 버스의 승·하차 정보를 보고 특정 시점의 알리바이를 묻지 않는 한 그 기술은 단지 '배경'으로만 존재할 뿐입니다.

바로 이 대목이 가장 우려되는 대목입니다. 이런 환경에서 사람은 자신이 감시를 당하는지조차 알지 못한 채 감시를 당하는 상황에 처할 수도 있습니다. 프랑스 철학자 미셸 푸코(Michel P. Foucault)가 자신의 책

『감시와 처벌』에서 소개한 '파놉티콘'이 현실이 되는 것입니다. 18세기 영국 철학자 제레미 벤담(Jeremy Bentham)이 제안한 파놉티콘은 손쉽게 죄수를 감시하도록 고안된 원형 감옥입니다.

전자 파놉티콘 사회 :
현대 사회는 전자 파놉티콘 시대라 불릴 만하다. 감옥과 교도소는 물론이요, 일상 곳곳에 만연해 있는 CCTV나 몰래카메라 등이 이를 증명한다.

중앙의 감시탑을 중심으로 죄수의 방을 배치하면, 간수는 죄수를 볼 수 있지만 죄수는 간수를 잘 볼 수 없습니다. 그럼, 어떤 일이 발생할까요? 죄수는 간수의 보이지 않는 시선 때문에 늘 감시받고 있다고 느끼게 되므로 외적 강제 없이도 스스로 행동을 통제하게 됩니다. RFID 기술과 같은 유비쿼터스 기술에 둘러싸인 채 감시받는 것을 당연시 여기는 사회, 바로 지금 여기서 진행되고 있습니다.

감시자는 누가 감시할 것인가?

이런 부작용을 의식한 탓인지 정보통신부는 2005년 7월 'RFID 프라이버시 보호 가이드라인'을 발표했습니다. 이 가이드라인은 일단 RFID 기술이 사생활을 침해할 소지를 막기 위해서 인체에 칩을 이식하거나, 칩 속에 개인 정보를 담는 것을 금지하고 있습니다. 그러나 이 가이드라인은 '개인이 동의만 한다면' 개인 정보를 저장 가능하도록 하고 있어서 실효성이 있을지 의문입니다.

특히 세계에서 유례를 찾아볼 수 없을 정도로 정보통신 기술은 대중화된 반면 프라이버시와 같은 '정보 인권' 에 대한 시민의 관심이 적은 한국의 현실을 염두에 두면, 이런 의문은 곧 걱정으로 바뀝니다. 정보 인권을 아예 법으로 보장하려는 '개인 정보 보호법' 이 1년이 넘도록 국회에서 방치되고 있는 것이 그 단적인 예라고나 할까요? 이 법이 방치된 데는 정보 인권에 대한 국회의원들의 무관심에 더해 개인의 정보를 이용해 돈벌이를 하고 있는 기업의 반발도 한몫하고 있다고 합니다.

시간이 지난 후 21세기 초반의 한국은 과연 어떻게 기억될까요? 조지 오웰의 『1984』에 보이는 빅 브라더가 지배했던 나라로 기록될까요, 아니면 유비쿼터스 기술의 부작용을 사전에 인식하고 그 위험을 예방한 나라로 기록될까요? 아무래도 현재까지는 전자에 가까운 것 같습니다. 전자 파놉티콘 사회, 이것이 21세기 한국의 미래가 될지도 모릅니다. 지금, 주위를 한번 둘러보세요. 누군가가 당신을 감시하고 있을지도 모릅니다.

■ 한 걸음 더 : Quis custodiet ipsos custodes?

'퀴스 쿠스토디에트 입소스 쿠스토데스' 라고 읽는 이 라틴어는 '감시자는 누가 감시할 것인가' 라는 뜻입니다. 정보통신 기술의 발달이 전자 파놉티콘 사회를 초래할 것이라는 경고와는 반대로 새로운 가능성이 태동하고 있다고 보는 견해도 있습니다. 정보통신 기술이 발달해 쌍방향 소통이 가능해지면 감시뿐만 아니라 '역감시' 역시 수월하게 이뤄질 수 있다는 것입니다.

앞에서도 잠시 언급한 적이 있는 주보프의 연구를 살펴봅시다.

주보프는 노동자의 작업을 감시하는 두 회사의 기술이 전혀 다른 결과를 나타낸 사실을 발견하게 됩니다. 데이터베이스에 기록된 정보를 노사 양쪽에 공개한 한 회사에서는 이 감시 기술이 역감시를 가능하게 하는 수단으로 기능합니다. 반면에 데이터베이스 정보를 사측이 독점한 다른 기업에서는 노동자가 감시 기술에 저항하는 상황이 발생합니다.

이런 예는 정보의 공개 여부에 따라 비슷한 정보통신 기술이라도 전혀 다른 결과로 나타날 수 있음을 잘 보여줍니다. 그러나 정보가 곧 힘인 현실에서는 권력을 가진 사람이 결코 정보를 공유하려 들지 않을 것입니다. 다시 말해 정보통신 기술의 발달이 역감시를 가능하게 할 것이라는 발상이 현실에서는 큰 힘을 갖기 힘들다는 것이지요. 다만 계속 그런 역감시가 가능하도록 노력하는 일은 잊지 말아야 할 것입니다.

:: 깊이 읽기

『1984』, 조지 오웰 지음, 정회성 옮김, 민음사, 2003.
『감시와 처벌: 감옥의 역사』, 미셸 푸코 지음, 오생근 옮김, 나남출판, 2003.

당신의 차와 이혼하라!

이제 한 시대를 지배했던 자동차와의 비싼 연애를 끝낼 때가 된 것일까요?
1992년 차와 헤어진 뒤 자동차 중심의 교통을 개혁하는 운동을 벌이고 있는 케이티 앨버드는
"당신의 차와 이혼하라!"라고 외칩니다. 결별의 방법도 여러 가지입니다. 차를 팔고 대중교통이나
자전거를 활용하는 것, 차를 소유하지만 꼭 필요할 때만 사용하는 것 등등.

요즘 버스와 지하철을 이용해 출·퇴근하는 사람 중에는 자신을 '양심적 운전면허 거부자'라고 일컫는 이들이 꽤 있습니다. 마음만 먹으면 개인 자동차를 소유하고 운전을 할 수 있지만, 자동차 문명이 초래하는 여러 가지 문제점을 염두에 두고 운전면허를 따는 대신 대중교통을 이용하는 것을 가리키는 말입니다. 물론 사상이나 종교에 따른 신념 때문에 병역을 거부하는 사람을 가리켜 '양심적 병역 거부자'라고 부르는 데서 따온 말입니다.

도대체 자동차 문명이 얼마나 문제가 많기에 이런 말까지 생겨난 걸까요? 먼저 한 가지 특이한 경주부터 소개하겠습니다. 1990년대 초 포르투갈 리스본에서는 경주용 자동차와 당나귀 사이에 경주가 열렸습니다. 결과는 어땠을까요? 4분차로 당나귀가 승리했습니다. 서울에서는 결과가 다를까요? 아마 당나귀의 압승으로 끝날 가능성이 높습니다. 서울 도심에서 자전거가 자동차보다 더 빠른 속도를 낼 수 있다는 사실은 이미 앞에서도 지적했습니다.

속도뿐만이 아닙니다. 골목마다 아침, 저녁으로 자동차 주차 때문

에 벌어지는 실랑이는 또 어떤가요? 작은 공원이 되어야 할 서울 시내 곳곳의 공터는 골목마다 넘쳐나는 자동차를 감당하느라 주차장으로 변하고 있습니다. 계속 주차장을 짓는데도 골목의 자동차는 줄어들 줄 모릅니다. 도로는 또 어떤가요? 계속 새로운 도로를 닦지만 금방 그 도로도 자동차로 빽빽이 들어차게 됩니다. 어디서부터 잘못된 것일까요?

꽉 들어찬 주차장 :
주차장은 계속 짓는데도 골목의 자동차는 줄어들 줄 모른다.

자동차 운전이 결핵의 치유법?

자동차는 우리에게 가장 익숙한 과학기술 인공물입니다. 그러나 자동차가 인류 곁에 다가온 것은 100여 년 정도밖에 안 됩니다. 자동차는 독일에서 1885년, 다임러와 벤츠에 의해 각각 독립적으로 또 거의 동시에 개발됐습니다. 그러나 자동차가 독일에서 처음 개발됐다는 사실을 깜박할 때가 많습니다. 바로 이 자동차가 미국과 떼려야 뗄 수 없는 관계처럼 여겨지기 때문이죠. 여기에는 아무래도 헨리 포드(Henry Ford)의 공이 큰 것 같습니다.

세계 최초로 자동차를 대량 생산한 포드는 '모든 집에 차 한 대'라는 꿈을 실현시키는 데 첫발을 내디뎠습니다. 20세기 초 자동차는 연간 평균 37.7개의 타이어를 썼다는 기록이 있을 정도로 아주 '불안정한' 교통수단이었습니다. 그러나 대중은 이런 '불편'에도 아랑곳하지 않고 자동차에 열광했습니다. 미국에서 자동차는 1900년에 8,000대에서 그로부터 약 30년 뒤인 1929년에는 2,670만 대에 이를 만큼 폭증합니다.

물론 이렇게 자동차가 큰 폭으로 증가한 데는 우선 언론의 막대한 지원이 있었습니다. 20세기 초, 신문과 잡지들은 앞 다퉈 "자동차가 말의 분뇨로 더러워진 도시를 정화할 것"이라고 홍보했습니다. 심지어 "자동차 여행이 간에 좋다", "결핵의 치유법이다", "핸들을 돌리는 운동이 건강에 좋다"라는 식의 근거 없는 소문까지 그대로 대중에게 전달되었습니다. (아, 그때나 지금이나 언론의 행태는 어찌 이리 똑같은지요!)

지금도 상황은 마찬가지입니다. 현대인은 매일 3,000~1만 6,000건의 광고에 노출되는데요, 그 가운데 5분의 1이 자동차 광고입니다. 신문 광고의 4분의 1, 텔레비전 광고의 5분의 1이 자동차 광고이고요. 미국에서 자동차 기업은 텔레비전과 잡지에서는 첫 번째, 신문에서는 두 번째 광고주입니다. 이렇게 자동차 산업으로 먹고사는 언론이 자동차에 호의적이지 않을 까닭이 없습니다.

자동차의 적들을 처단하라

정부는 한 술 더 떴습니다. 미국 정부는 근거가 충분한데도 철도 요금의 인상을 계속 막았습니다. 오래지 않아 철도의 이윤은 크게 떨어지기 시작했습니다. 정부 지원 역시 차별이 심했습니다. 미국 정부는 철도 개선비용은 융자로 제공하면서 도로 개선비용은 전액을 정부가 지출했습니다. 대공황 때도 도로에 대해서는 철도의 10배에 이르는 기금이 제공됐습니다. 1970년대 말까지 미국 정부가 도로에 지출한 돈은 철도의 62배에 달합니다.

이런 상황에서 자동차의 승리는 당연한 것이지요. 미국의 철도는 1920년대 이후로 승객을 계속 잃어갔습니다. 오하이오의 도시 간 철도 승객은 1919년 2억 5,700만 명을 정점으로, 1933년에는 4,000만 명 아래로 떨어졌습니다. 결국 대공황 때 미국 수송 철도 기업의 약 3분의 1이 도산했습니다. 전통적으로 화물 운송으로 손실을 메우던 여객 철도 역시 쇠락의 길을 걷고 말았습니다.

이뿐만이 아닙니다. '제너럴모터스(GM)'와 같은 자동차 기업은 도시 전차도 가만두지 않았습니다. 1920년대 워싱턴 도심에서는 전차, 심지어 걸어다니는 것이 자동차보다도 더 빨랐다고 합니다. 많은 시민들은 전차를 이용해도 큰 불편이 없었기 때문에 굳이 차를 살 필요가 없었습니다. 하지만 자동차 기업이 이를 그대로 두고 볼 리가 없었습니다. 마침내 자동차—타이어—석유 기업의 도시 전차 '학살'이 시작되었습니다.

이들 기업은 막대한 자금력을 바탕으로 전차의 노선을 사들여 설비를 해체했습니다. 그렇게 전차가 없어진 노선에는 버스가 투입되었습니다. 물론 이 버스, 타이어, 연료는 GM을 비롯한 동맹 관계를 맺은 기업의 몫이 되었습니다. 나중에 이들 기업은 전차 대신 투입한 일부 버스 노선에서 손실이 나자 다시 이것을 시에 팔아 높은 이윤을 남겼습니다. 1935년 뉴욕 시의 전차는 완전히 자동차화(motorization)되었습니다. 나중에 사법 당국은 이들 기업의 행태를 '한 경쟁자를 제거하기 위해 작당한 것'이라고 판단했지만, 때는 이미 늦었지요.

아주 '비싼' 연애

20세기 중반까지만 하더라도 자동차는 미국을 포함한 세계 곳곳에서 풍요의 상징이었습니다. 최근 선진국의 뒤를 바짝 좇는 인도, 중국의 모습을 보면 잘 알 수 있습니다. 그 나라가 점점 부유해질수록 나라 곳곳에는 도로가 뚫리고, 도로는 금세 자동차로 꽉 찹니다. 그러나 점점 '자동차의 세기'가 위협을 받고 있습니다. 최근 들어 100년밖에 안 된 이 자동차 문명의 문제점이 심각하게 노출되고 있습니다.

자동차가 인간과 환경에 미치는 폐해는 길게 나열할 필요도 없습니다. 외국으로 눈을 돌릴 것도 없습니다. 서울의 대기오염은 다른 경제협력개발기구(OECD) 국가와 비교했을 때 미세먼지(PM10)는 2~4배, 질소산화물은 1.2~1.7배 수준으로 가장 높은 편입니다. 이렇게 대기오염의 정도가 높은 데는 서울을 꽉 채운 자동차가 내뿜는 배기가스가 가장 큰 원인으로 작용합니다. 2005년 서울시가 자동차 대기오염을 줄이기 위해 쏟아 부은 돈은 무려 1,895억 원이나 됩니다.

자동차만큼 위험한 교통수단도 없습니다. 현재까지 자동차 사고로 죽은 사람은 3,000만 명이 넘고, 매년 1,500만 명이 크고 작은 부상을 당합니다. 이 숫자는 어떤 질병이나 전쟁의 희생자보다도 많습니다. 물론 여기에는 자동차가 유발한 대기오염으로 생명을 잃은 간접적인 희생자는 포함되지 않았습니다. 미국 환경보호청은 대기오염 탓에 발생한 암의 55퍼센트가 자동차 배기가스에서 비롯된 것이라고 추정합니다.

자동차 때문에 귀한 땅이 계속 사라지는 것도 큰 문제입니다. 미국은 1990년대에 이미 전 국토의 2퍼센트가 도로로 만들어져, 경작이 가능한 땅의 10퍼센트를 자동차에 내줬습니다. 한국 역시 상황은 마찬가지입니다. 현재 국토의 2.5퍼센트(2,490제곱킬로미터)를 이미 도로가 차지하고 있으며, 이 면적은 건설교통부가 밝힌 국토 전체에서 집을 지을 수 있는 총 면적에 육박합니다. 도시 내부도 사정은 마찬가지입니다. 평균적인 도시의 경우 전체 면적의 3분의 1을 도로와 주차장이 차지합니다.

자동차가 공동체를 파괴한다는 지적도 경청할 만한 대목입니다. 1970년대 미국 샌프란시스코의 돈 애플야드(Don Appleyard)는 조용한 거리와 번잡한 거리를 선택한 뒤, 이 두 거리에서 이루어지는 이웃 간의 의사소통 정도를 측정했습니다. 결과는 예상대로입니다. 공동체 구성원 사이의 사회적 접촉 정도는 거리를 지나는 자동차의 양에 반비례했습니다. 자동차의 통행량이 많을수록 정작 옥외 활동이 줄어들면서 자연스럽게 이웃 간의 소통도 줄어든 것이지요.

자동차와 이혼, 쉽지는 않지만

이제 한 시대를 지배했던 자동차와의 비싼 연애를 끝낼 때가 된 것일까요? 1992년, 차와 헤어진 뒤 자동차 중심의 교통을 개혁하는 운동을 벌이고 있는 케이티 앨버드(Katie Alvord)는 "당신의 차와 이혼하라!"라고 외칩니다. 결별의 방법도 여러 가지입니다. 차를 팔고 대중교통이나 자전거를 활용하는 것(car-free), 차를 소유하지만 꼭 필요할 때만 사용하는 것(car-lite) 등등.

말이 쉽지 '중독' 단계에 이른 자동차와의 인연을 끊는 것이 쉬운 일은 아닙니다. 일단 걷겠다고 마음먹어도 이미 수십 년간 보행자가 아닌 자동차 위주로 설계된 도시는 발을 내딛는 것, 숨을 내쉬는 것조차 힘들 때가 많습니다. 가끔 자동차 통행량이 많은 시내에서는 차라리 걷는 게 낫겠다고 생각하면서도 결국 자동차에 몸을 맡기는 이유는 바로 이런 구조적인 제약 때문입니다. 자동차와 이혼하는 데는 개인의 결단뿐만 아니라 훨씬 더 큰 사회 변화가 필요합니다.

■ 한 걸음 더 : 자동차부터 같이 타자!

자동차와 선뜻 '이혼' 할 수 없는 사람을 위해 도움이 될 만한 방법을 하나 소개하겠습니다. 바로 자동차를 공동으로 이용하는 '카 셰어링(Car Sharing)' 입니다. 개인별로 자동차를 소유하는 대신 단체에 가입해 필요할 때마다 자동차를 예약해 사용하는 방식이지요. 이는 1987년 스위스 루체른 시에서 처음 시작한 이후 노르웨이, 덴마크, 독일, 이탈리아 등 유럽 전역의 도시로 확산되었습니다.

현재 유럽에는 '유럽 카 셰어링 네트워크(European Car Sharing Network)' 가 결성되어 있는데, 이 연합회에는 50개 이상의 카 셰어링 조직이 가입돼 있다고 합니다. 이런 조직에 가입된 회원 수는 7만 5,000명, 자동차 수도 3,500대나 됩니다. 회원이 차량을 이용하는 방법은 간단합니다. 먼저 차량 이용을 원할 때 사무실에 전화를 걸어 차종과 사용예정 기간을 알립니다. 그런 다음 차량 보관소에서 차를 가져와 사용하고 다시 가져다놓으면 됩니다.

카 셰어링에는 여러 가지 장점이 있습니다. 카 셰어링 회원이 늘어날수록 자동차 등록 대수가 감소해 도시의 주차 공간 수요가 줄어듭니다. 카 셰어링 회원은 쓸데없이 자동차를 운행하지 않기 때문에 자연스럽게 대기오염 물질, 소음 등이 감소합니다. 스위스 정부가 조사한 결과를 보면, 자동차 소유자가 카 셰어링 조직에 가입할 경우 교통 에너지 소비가 50퍼센트 감소하고 연간 이산화탄소 배출량도 1.5톤이 줄어듭니다.

서구의 카 셰어링 제도 :
주로 도심 거주자들이 차를 소유하지 않고 필요한 시간만 빌려 씀으로써 환경을 보호함은 물론, 경제적인 부담도 더는 제도를 이른다.

카 셰어링을 할 경우 연간 자동차 이용 거리가 1만 2,000킬로미터 이하면 경제적으로도 이익이라네요. 미국의 포틀랜드 시에서 운영 중인 카 셰어링 조직이 산정한 결과를 살펴보면, 1년에 4,000킬로미터를 운행할 경우 2,000달러(약 200만 원), 1년에 8,000킬로미터를 운행할 경우 1,280달러(약 130만 원) 정도를 절약할 수 있는 것으로 나타났습니다. 아직까지 한국에 카 셰어링은 도입되지 않았다고 합니다. 그렇다면 우리 같이 카 셰어링 해볼까요?

: : 깊이 읽기

『당신의 차와 이혼하라: 자동차 중독 문화에 대한 유쾌한 반란』, 케이티 앨버드 지음, 박웅희 옮김, 돌베개, 2004.
『작은 실험들이 도시를 바꾼다: 보고타에서 요하네스버그까지』, 박용남 지음, 시울, 2006.
『파국을 향해 가는 자동차』『녹색평론선집』1, 김종철 엮음, 녹색평론사, 1993.

석유시대, 이젠 끝인가?

상황이 이런데도 정부를 비롯한 많은 사람들은 지금의 고유가 상황이 일시적인 현상이라고 주장합니다.
이라크 전쟁, 이란 핵 개발, 미국의 허리케인 등 석유 가격 상승을 부추기는 요인이 제거되면
다시 원 상태로 돌아간다는 것이지요. 하지만 과연 그럴까요?
인류가 본격적으로 석유를 사용한 지난 100여 년간 이렇게 몇 년째 석유 가격이 떨어지지 않고
계속 오른 적은 한 번도 없었는데 말입니다.

최근 석유 가격이 계속 오르고 있습니다. 원유 159리터에 해당하는 1배럴의 가격은 2006년 기준으로 60달러(약 6만 원) 수준입니다. 1970년대 '오일 쇼크' 때의 가격을 지금으로 환산하면 80달러(약 8만 원)에 해당하니 큰 문제가 아니라고 볼 수도 있습니다. 그러나 상황은 그렇게 간단치 않아 보이네요. 최근 수년간의 추이를 살펴보면 앞으로도 석유 가격은 떨어지기는커녕 계속 오를 가능성이 높기 때문입니다.

예를 하나 들어볼까요? 정부의 석유 가격 예측은 최근 수년간 매번 어긋나곤 했습니다. 정부는 2004년 석유 가격을 배럴당 약 24달러(약 2만 4,000원)로 예상했습니다. 그러나 실제 석유 가격은 배럴당 34달러(약 3만 4,000원)나 됐습니다. 2005년에는 배럴당 30~35달러(약 3만 원~3만 5,000원) 정도가 될 거라고 예측했는데, 실제 가격은 배럴당 50달러(약 5만 원)였습니다. 2006년 역시 실제 가격은 예측보다 5달러(약 5,000원)나 높은 60달러 수준입니다.

상황이 이런데도 정부를 비롯한 많은 사람들은 지금의 고유가 상황이 일시적인 현상이라고 주장합니다. 이라크 전쟁, 이란 핵 개발, 미국

의 허리케인 등 석유 가격 상승을 부추기는 요인이 제거되면 다시 원 상태로 돌아간다는 것이지요. 하지만 과연 그럴까요? 인류가 본격적으로 석유를 사용한 지난 100여 년간 이렇게 몇 년째 석유 가격이 떨어지지 않고 계속 오른 적은 한 번도 없었는데 말입니다.

석유 :
현재 유례없이 치솟고 있는 석유의 가격은 '석유 생산 정점'이 가깝다는 한 증거다.

'검은 황금', 이제 끝이 보인다

석유, 석탄, 천연가스는 지층에 묻혀 있던 식물이 오랜 세월에 걸쳐 높은 압력과 열을 받아서 생겨났습니다. '화석연료'라고 불리는 것도 바로 지층에서 발견되는 화석과 생성 원인이 같은 데서 비롯된 말입니다. 이 화석연료가 정확히 어떤 과정을 거쳐 생겨났는지에 대해서는 설이 분분합니다. 다만 대개 석탄은 육생생물에서, 석유는 해상생물에서 기원한 것으로 보는 견해가 표준 이론으로 자리 잡았습니다.

유전에서 채취한 석유는 아직 정제되지 않은 원유입니다. 이 원유는 정유 공장에서 끓는점이 낮은 순서대로 액화석유가스(LPG), 가솔린, 등유, 경유, 중유 등으로 분류돼 광범위하게 이용됩니다. 얼마나 광범위하게 이용되는지 확인하려면 '석유 없는 세상'을 상상해보면 됩니다. 당장 석유가 없으면 자동차, 비행기, 배를 움직일 수 없습니다. 화력 발전소에서 전기를 생산할 수도 없으니 20세기 들어 완성된 '빛의 제국'은 역사 속으로 사라질지도 모릅니다.

이뿐만이 아닙니다. 플라스틱, 합성섬유, 합성고무 등 석유에서 뽑아내는 온갖 화학물질까지 염두에 두면 석유 없는 세상은 말 그대로 '재앙'입니다. 심각한 것은 이미 이 재앙이 바로 눈앞에 닥쳤을지도 모

킹 허버트 :
1956년 셸에서 지질학자로 일한 킹 허버트는 '석유 생산 정점' 개념을 처음으로 도입했다.

른다는 사실입니다. '석유 시대'의 종말을 예고하는 목소리 가운데 가장 설득력 있는 것은 불과 몇 년 안에 '석유 생산 정점(Peak Oil)'이 찾아올 것이라는 주장입니다. 바로 2006~15년의 어느 시점부터 전 세계 석유 생산량이 감소하리라는 것이지요.

이 주장은 1956년 미국의 지질학자 킹 허버트(M. King Hubbert)로부터 비롯됐습니다. 허버트는 다년간 미국 내 여러 유전의 석유 생산량, 미국 전체의 석유 생산량, 추정 매장량 등을 분석해, 1970년대 초에 이르러 미국 석유 생산량이 최대치에 달한 후 곧 감소해갈 것이라고 전망했습니다. 이런 허버트의 주장은 비웃음을 샀지만, 결국 사실로 증명되었습니다. 미국 석유 생산량은 놀랍게도 1971년을 기점으로 계속 감소 추세를 보이고 있습니다.

나중에 콜린 캠벨(Colin J. Campbell)은 허버트의 모델을 전 세계 석유 생산량에 적용해보았습니다. 이를 통해 캠벨은 "석유 생산 정점이 빠르게 다가오고 있으며 이르면 2006년쯤이 될 수도 있다"고 예측했습니

다. 물론 이런 캠벨의 주장에 대해서 석유업계를 비롯한 많은 전문가들은 과장된 것이라고 반박합니다. 50여 년 전 허버트가 비웃음을 샀던 것처럼 말입니다. 그러나 최근 나타나는 여러 가지 현상은 캠벨의 주장에 점점 설득력을 더해주고 있습니다.

일단 앞에서 언급했던 유례없이 계속 치솟는 석유 가격도 석유 생산 정점이 가깝다는 한 증거입니다. 새로 발견되는 석유의 양이 계속 줄어들고 있는 것 역시 또 다른 증거입니다. 새로 발견되는 석유의 양은 1960년대 들어 최고치에 달한 이후로 점차 줄어들기 시작해서 1980년대부터는 소비량보다 적은 수준으로 떨어졌습니다. 2000년대에는 소비량의 3분의 1 수준까지 떨어졌고요.

다른 간접적인 증거도 많습니다. 상당수 국가와 기업이 석유 생산 정점을 때로는 공개적으로, 때로는 '쉬쉬' 하면서 인정하고 있습니다. 2004년 대표적인 석유 기업 '셸'은 9주 동안 세 차례에 걸쳐 20퍼센트의 가채 석유 매장량 감소를 발표해 큰 파장을 불러일으켰습니다. 무려 총 매장량의 5분의 1이 과장돼 있었다는 사실을 인정한 것입니다. 그간 석유 수출국, 석유 기업이 가채 석유 매장량을 얼마나 부풀렸는지 잘 보여주는 예입니다.

더 눈길을 끄는 것은 미국 정부의 태도입니다. 2004년 3월 미국 정부가 발표한 보고서는 이렇게 적고 있습니다. "전 세계 석유 생산이 정점에 도달하는 시기에 대해 일치된 합의가 존재하지는 않지만 (여러 가지 예상을 종합해볼 때) 2020년을 넘기지 않을 것이다. 당장 전 세계 석유 생산 정점에 대한 대응을 시작해 경제와 안보에 미치는 부정적 영향을 상쇄해야 한다." 꼭 환경단체의 경고 같아 보이지 않습니까?

파티는 끝났다?

여전히 많은 낙관론자들은 석유 생산 정점을 부정합니다. 그러나 석유 생산 정점은 부정한다고 해서 찾아오지 않는 것이 아닙니다. 또 석유 생산 정점을 지난다고 해서 당장 코앞에 재앙이 닥치는 것도 아닙니다. 일단 석유 생산 정점이 지나면 처음에는 서서히 줄어들다 시간이 지날수록 급격한 감소 추이를 보이게 됩니다. 이렇게 석유 생산량이 급격히 감소 추이를 나타낼 때는 이미 대응하기에 늦은 시점입니다.

예를 한번 들어볼까요? 일단 석유가 고갈되면 더 이상 지금처럼 먹을거리를 공급할 수 없습니다. 지금 우리 식탁에 오르는 것은 짧게는 800킬로미터(중국), 길게는 1만 킬로미터(미국) 이상을 배, 비행기와 같은 교통수단을 이용해 운반해온 것입니다. 이렇게 장거리 수송에 의존하는 먹을거리 공급은 석유 가격이 오르면 당장 큰 타격을 입을 수밖에 없습니다. 결국 석유가 없으면 굶어죽는 끔찍한 사태가 발생할지도 모릅니다. 1990년대에 석유 공급이 끊긴 쿠바에서는 실제로 이런 일이 있었습니다.

지난 수십 년간 계속된 석유 시대의 종말에 대한 폭넓은 논쟁 과정을 일목요연하게 정리하면서 리처드 하인버그(Richard Heinberg)는 이렇게 경고하고 있습니다. 여러분은 이 경고를 받아들일 준비가 돼 있습니까? "비참한 종말이 올 때까지 흥청대며 파티를 즐기다 나머지 다른 세상 사람들을 우리와 함께 몰락의 구렁텅이로 빠뜨릴 것인가? 아니면 파티가 끝났음을 인정하고 뒤처리를 깨끗이 한 뒤 우리 다음에 찾아올 이들을 위해 길을 열어줄 것인가?"

당장 석유가 없으면 자동차, 비행기, 배를 움직일 수 없습니다.
화력 발전소에서 전기를 생산할 수도 없으니 20세기에 완성된 '빛의 제국'은
역사 속으로 사라질지도 모릅니다.

많은 사람들이 이렇게 이야기합니다. "걱정 마, 우리에겐 원자력이 있잖아!"

이런 이야기를 들을 때마다 참 답답합니다. 원자력 에너지는 앞에서 설명했듯이 핵폭탄을 만드는 과정에서 부산물로 생겨난 탓에 태생부터 위험을 안고 있습니다. 이 밖에도 원자력은 수많은 단점을 가지고 있습니다. 흔히 원자력 에너지의 장점이라고 알려져 있는 것은 대개는 거짓말입니다. 한번 살펴볼까요?

우선 원자력 에너지가 싸다는 편견을 버려야 합니다. 1950~92년의 40여 년간 경제협력개발기구(OECD) 국가는 총 3,180억 달러(약 318조 원)를 원자력 에너지 연구와 개발비용으로 썼습니다. OECD에 가입돼 있지 않은 국가까지 포함할 경우 지난 반세기 동안 원자력 에너지 연구·개발비용은 최소한 1조 달러(약 1,000조 원)에 이를 것으로 추정됩니다. 그 기간에 풍력, 태양 에너지에 들어간 연구·개발비용 400억 달러(40조 원)와 비교해보세요.

이렇게 막대한 비용을 들이고도 원자력 에너지는 아직도 더 많은 투자가 요구됩니다. 2010년을 전후해 세계 곳곳의 원자력 발전소의 유효 기간이 다하기 때문입니다. 새로운 원자력 발전소를 짓는 것뿐만 아니라, 기존의 원자력 발전소를 폐기하는 것도 큰 문제입니다. 당장 한국도 방사성 폐기물 처분장을 짓는 데 막대한 비용을 들이고 있습니다. 원자력 에너지는 과거에도 또 앞으로도 결코 '값싼 에너지' 가 아닙니다.

또한 원자력 에너지는 이산화탄소(CO_2)를 전혀 배출하지 않아

'깨끗한 에너지'라는 오해도 있습니다. 물론 원자력 발전소에서는 이산화탄소가 나오지 않습니다. 하지만 원자력 에너지의 원료인 우라늄을 채굴·정제·농축하는 과정에서 심각한 오염이 발생합니다. 우라늄을 채굴해 최종적으로 전기를 생산하는 전 과정을 염두에 둔다면 원자력 에너지를 결코 깨끗한 에너지라고 볼 수 없습니다.

더구나 방사성 폐기물은 짧게는 수만 년에서 길게는 100만 년 가까이 환경과 완벽하게 격리시켜야 합니다. 이렇게 상상을 초월하는 폐기물을 내놓는 원자력 에너지를 깨끗한 에너지라고 하다니, 왠지 우습지 않나요? 이런 이유 탓인지, 기후변화협약 교토의정서 역시 원자력 에너지를 깨끗한 에너지로 분류하는 것을 거부하고 있습니다. 자, 이제 왜 원자력 에너지가 결코 대안이 될 수 없는지 알겠지요?

:: 깊이 읽기

『석유시대 언제까지 갈 것인가』, 이필렬 지음, 녹색평론사, 2002.
『에너지 주권: 헤르만 셰어의 21세기 에너지 생존전략』, 헤르만 셰어 지음, 배진아 옮김, 고즈윈, 2006.
『파티는 끝났다: 석유시대의 종말과 현대 문명의 미래』, 리처드 하인버그 지음, 신현승 옮김, 시공사, 2006.

위대한 과학자의 '조건'을 묻다

편지 잘 받았습니다. 닮고 싶은 과학자의 몰락을 지켜보며 그렇지 않아도 마음이 안 좋을 텐데, 여성 과학자의 결코 녹록지 않은 현실까지 언급해 더욱더 의기소침해진 것 같군요. 그래도 이렇게 잊지 않고 답장을 보내주니 고맙습니다.

지난 며칠 새 여러 가지 일이 많았습니다. 이른바 '황우석 사태'에 대한 검찰 수사 결과 발표가 있었던 것은 알고 있을 테니, 개인적으로 겪은 마음 아픈 이야기를 하나 하겠습니다.

한창 황우석 사태에 대한 검찰 수사 결과로 바쁜데 검찰에서 소환장이 날아왔지 뭐에요. 아직도 황우석에게 미련을 버리지 못한 지지자들 100여 명이 저를 검찰에 명예 훼손으로 고발했다고 합니다. 평소 법에 무지한 터라 명예 훼손의 경우에는 당사자 외에 제3자가 고발할 수도 있다는 것을 처음 알았습니다. 그 덕에 태어나서 처음으로 검사 앞에서 하루 종일 조사를 받는 경험을 했습니다.

하루 종일 검사와 실랑이를 하면서 여러 가지 생각이 들더군요. 특히 깊이 신뢰했던 과학자의 몰락을 수긍하지 못하고 수개월간 검찰 앞에서 시위와 단식을 하는 사람들을 보면서 과학기술 시대에 요구되는 과학자의 역할에 대해서 새삼 깊이 생각하지 않을 수 없었습니다. 가만히 생각해보면 오늘날 과학기술자는 꼭 과거 '사제'가 했던 역할과 비슷합니다. 궁금증을 해소해주고, 더 나아가서는 먹을거리까지 해결해줄 것이라는 기대를 한몸에 받으니까요.

많은 사람들이 황우석의 줄기세포 연구에 열광했던 이유도 바로 미래 한국의 먹을거리를 '해결해줄 것'이라는 믿음과 무관하지 않습니다. 황우석 지지자들이 모이는 곳마다 "수십조 원을 벌어다줄 줄기세포 연구"라고 적힌 펼침막이 걸려 있는 것을 보면 잘 알 수 있지요. 그러나 이렇게 공동체가 과학기술자에게 거는 기대는 큰 반면에, 과학기술자는 여전히 준비가 되어 있지 않은 듯합니다. 오늘은 바로 이 이야기를 하려고 합니다.

아인슈타인이 진짜 위대한 이유

20세기의 가장 위대한 과학자를 꼽는다면 누구나 앨버트 아인슈타인을 먼저 생각할 것입니다. 아인슈타인은 현대 물리학의 초석을 닦은 분명히 위대한 물리학자였습니다. 그러나 나는 오히려 다른 면에서 그의 훌륭한 점을 찾고 싶습니다. 그는 과학기술 시대에 과학기술자가 어떤 역할을 해야 하는지, 그 사회적 책임을 진지하게 고민했습니다. 바로 이 점이 그를 돋보이게 합니다.

아인슈타인은 핵무기로 인류가 절멸의 위기 상황으로 치닫고 있다는 인식 아래 1955년 「러셀-아인슈타인 선언」을 주도했습니다. 이 선언은 1957년 핵무기를 반대하는 과학자의 모임인 '퍼그워시 회의(Pugwash Conference)'가 탄생하는 데 결정적인 구실을 합니다. 그는 1939년, 당시 미국의 대통령이었던 루스

벨트에게 '원자폭탄을 제조해야 한다'는 편지를 보낸 것을 "내 생전에 저지른 한 가지 실수"라고 두고두고 후회했다고 합니다.

아인슈타인이 이렇게 반핵·반전 활동을 활발하게 전개한 것은 대중적으로 널리 알려졌습니다. 그럼 다른 면도 한번 살펴볼까요? 말년의 아인슈타인은 전후 호황으로 '황금시대'를 구가하던 자본주의에 대해서도 깊은 우려를 표명했습니다. 그는 1949년 5월, 미국의 사회주의 잡지 『먼슬리 리뷰』 창간호에 보낸 「왜 사회주의인가」라는 글에서 자본주의의 해악을 분명히 지적하고, 그 대안으로 사회주의를 제시하고 있습니다.

기본적으로 과학은 (사회 구성원이 합의한 이상향을 만들기 위한) 도구에 불과하기 때문에 세상사에 관한 한 과학을 과대평가해서 적용하는 것은 옳지 않다. 또 사회 조직에 영향을 미치는 문제에 대해서 의사 표시를 할 수 있는 사람이 전문가뿐이라는 생각도 잘못됐다. 사회가 위기를 겪고 있으며 안정성이 심각하게 무너지는 현실에서 각 개인은 무엇을 할 것인가?

과학자인 아인슈타인이 자본주의의 문제점에 대해 스스로 의견을 제시하는 것이 왜 당연한 것인지를 설명하는 이 대목은 여러모로 흥미롭습니다. 20세기의 가장 위대한 과학자가 자각했던 사회적 책임이란 결코 물리학자로서의 정체성에서 비롯된 것이 아니었습니다. 그는 한 사회의 구성원으로서 마땅히 해야 할 일이 무엇인가, 바로 여기서 그의 사회적 책임을 고민했습니다.

평소 아인슈타인이 "한 과학자가 얼마나 위대한지를 알기 위해서는 그에게 과학을 빼놓았을 때 남아 있는 것에 달려 있다"라고 말한 것도 같은 맥락이겠지요. 이렇게 아인슈타인 이야기를 길게 늘어놓은 것은 오늘날 과학기술자가 과연 한 사회의 구성원으로서 마땅히 해야 할 일을 하고 있는지를 함께 생각해보기 위해서입니다. 친구 생각은 어떤가요? 적어도 내가 본 과학기술자는 그렇지 않았습니다.

'돈의 노예' 가 된 과학기술자

지금 과학기술자는 '돈의 노예' 입니다. 이제 막 학위를 받은 과학기술자는 '무슨 연구를 할까' 를 고민하지 않습니다. 그들은 '무슨 연구를 하면 돈을 많이 벌 수 있을까', 바로 이런 것을 고민합니다. 한 대학의 생명과학 교수는 이렇게 말합니다. "지금 내 실험실에서 하는 연구는 전 세계 수천 곳 실험실에서 동시에 진행되고 있어요. 다른 실험실보다 더 빨리 특허를 내면 '대박' 을 터뜨릴 수 있지만 한 걸음만 늦으면 수년간의 노력이 허사가 됩니다."

이렇게 과학기술이 돈의 지배를 받는 상황을 단적으로 보여주는 곳이 바로 미국입니다. 하버드 대학의 총장을 지냈던 데렉 복(Derek Bok)은 미국에서 과학기술 활동이 기업의 돈벌이를 위해 어떻게 변질되었는지 생생하게 증언합니다. 가장 두드러지게 나타나는 문제는 바로 '비밀주의' 의 확산입니다. 예전에 과학기술자들은 좀더 진리에 근접한 결과를 얻기 위해서 연구결과를 자유롭게 공유하는 모습을 보였습니다.

그러나 과학기술 활동에 기업의 입김이 세지면서 이런 전통은 거의 사라질 위기에 처했습니다. 과학기술자의 연구를 지원한 기업은 특허를 신청할 때까지 연구결과에 대해서 비밀을 지킬 것을 요구합니다. 돈벌이에 이용될 수 있는 연구결과가 경쟁 기업의 손에 넘어가는 것을 두려워하기 때문입니다. 과학기술자도 이런 기업의 요구를 환영합니다. 상당수 과학기술자는 이미 해당 기업의 주식을 소유하고 있기 때문입니다.

기업의 영향력은 과학기술 활동의 방향까지 좌지우지합니다. 돈벌이에 이용될 수 있는 과학기술 활동은 적극적으로 장려되는 반면에, 꼭 필요하지만 돈벌이에는 큰 도움이 안 되는 연구는 뒷전으로 밀려납니다. 심지어 기업이 연구비를 지원하는 대가로 기업에 불리한 연구의 중단을 요구하기도 합니다. 예를 들어 유전자 조작 농산물을 생산·판매하는 기업이 대학에 돈을 건네는 대가로 유전자 조작 농산물의 위험을 밝히는 연구를 중단하라고 요구하는 식이지요.

따지고 보면 최근 들어 급증하고 있는 과학기술계의 논문 조작도 과학기술이 돈의 지배를 받는 현실과 무관하지 않습니다. 황우석 박사가 논문 조작에 이른 것도 바로 전 세계 곳곳에서 진행되고 있는 줄기세포 경쟁에서 이기기 위한 것이었지요. 줄기세포 연구가 돈벌이와 무관한, 주목을 덜 받는 과학기술 활동이었다면, 그 역시 줄기세포를 조작하면서까지 성과를 발표할 생각은 하지 못했을 것입니다.

이렇게 과학기술이 돈의 지배를 받는 동안 정작 인류에게 닥친 중요한 문제는 뒷전으로 밀려납니다. 굶주리는 세계, 지구 온난화가 가져올 기후 변화, 전 지구적으로 확산될지 모르는 전염병, 예상보다 더 빨리 고갈될지 모르는 석유 등……. 심지어 상당수 과학기술자는 문제의 심각성을 대중이 깨닫지 못하도록, 기업이 대중을 속이는 데 권위를 빌려주는 짓까지 서슴지 않습니다. 언론이 이를 증폭하면, 대중은 속을 수밖에 없습니다.

당신은 무슨 짓을 하는가?

이번 편지에서도 답답한 이야기만 늘어놓았네요. 읽을 때마다 항상 여러 가지 생각을 떠올리게 하는 성경 구절이 있습니다. "저 사람들은 자기네가 무슨 일을 하는지 알지 못합니다(누가복음 23:24)."

과학기술자는 예수가 십자가에 못 박힐 때 외친 이 절규를 꼭 기억해야 할 것입니다. 직접 하고 있는 과학기술 활동의 한계를 명확히 인식하지 않으면, 자칫 기업과 같이 힘을 가진 사람의 꼭두각시가 되어 공동체에 치명적인 해를 줄 수 있기 때문입니다.

앞에서 소개한 아인슈타인의 이야기를 다시 한번 떠올려보십시오. 아인슈타인은 과학기술의 한계를 누구보다도 명확히 인식했습니다. 또 과학기술자가 한 공동체의 구성원으로서 어떤 사회적 책임을 가져야 하는지에 대해서도 명확한 인식을 가지고 있었습니다. 과학기술 시대의 사제가 된 과학기술자가 2,000년 전 예수를 십자가에 못 박은 바리새인과 같은 행동을 반복해서는 안 되지 않겠어요.

기억하십시오. "저 사람들은 자기네가 무슨 일을 하는지 알지 못합니다."

2006년 5월 21일

강양구 드림

영화 속에 등장하는 과학기술의 이미지는 어떻습니까?

영화 속에서 인류는 과학기술의 발달로 행복해지기는커녕 오히려 불행해지는 일이 많습니다.

이렇게 불행을 가져다주는 데는 사악하고 미친 과학기술자의 역할이 크지요.

이런 영화 속의 과학기술 이미지는 계속 반복되고 있습니다.

단순히 영화 속 설정이라고 무시하고 넘어가기에는 이상한 일이 아닐 수 없습니다.

많은 사람들이 과학기술의 발전이 가져다주는 혜택을 누리고 있는데도, 정작 과학기술 시대의 미래를 비관하는

영화가 더 많이 등장하고 있으니까요. 아무래도 사람들은 과학기술의 발전에 대한 기대와 불안을 동시에 안고 있는 듯합니다.

그렇다면 어떻게 과학기술과 대중이 행복하게 만날 수 있을까요?

한반도를 '태양과 바람의 나라'로 만들 수 없을까?

북한은 그동안 태양, 풍력과 같은 재생 가능 에너지에도 적극적인 관심을 보여왔습니다.
이런 북한의 재생 가능 에너지에 대한 관심은 남북한의 송전망 차이와 깊은 관계를 맺고 있습니다.
남한의 송전망이 통일된 망이라면, 북한은 지역마다 송전망이 단절돼 있습니다.
이런 송전망을 가진 북한 입장에서는 대형 발전소보다 해당 지역에서 자급할 수 있는 태양이나
풍력 등의 발전소가 더 유리합니다.

지난 2006년 10월 9일, 북한의 핵실험으로 한반도에 극도의 긴장이 조성됐습니다. 다행히 북한이 다시 협상에 나서면서 상황은 일단락 지어졌지만, 여전히 언제 화약고가 폭발할지 모르는 상황입니다. 이 사태는 일단 북한을 '악의 축'으로 보는 미국의 조지 W. 부시 정부의 책임이 큽니다. 그러나 한편으로는 '애초에 한반도에 원자력 에너지가 들어오지 않았더라면, 최소한 핵무기를 둘러싼 대립은 없지 않았을까' 하는 생각도 듭니다.

따지고 보면 이번 북한 핵실험을 둘러싼 갈등은 에너지가 부족한 북한에, 미국이 원자력 발전소를 짓기로 결심한 1994년부터 시작되었습니다. 지금 핵실험으로 가장 곤혹스러운 처지에 놓인 미국이 아이러니하게도 북한 핵무기 개발의 물꼬를 터준 셈이지요. 정작 짓기로 한 원자력 발전소는 북한과 미국이 10여 년 가까이 갈등하는 동안 없었던 일이 되었습니다. 그 대신 한반도는 전 세계에서 핵전쟁의 위험이 가장 큰 지역이 되고 말았고요.

163

남한의 에너지 '적선'을 북한이 거부한 이유

2005년, 한국 정부는 뒤늦게 원자력 발전소 두 기가 생산하는 양에 맞먹는 200만 킬로와트의 전기를 북한으로 직접 송전할 뜻을 밝혔습니다. 그러나 북한은 결국 이 제안을 거부하는 대신 핵실험을 감행했지요. 어찌 보면 이런 북한의 선택은 당연합니다. 북한이 남한으로부터 전기를 받아들이는 순간, 북한은 남한에 의존하는 관계가 될 수밖에 없기 때문입니다. 왜 그러냐고요? 먼저 50여 년 전에 무슨 일이 일어났는지부터 살펴볼까요.

사실 나이 든 어른들은 이번 한국 정부의 대북 직접 송전 제안을 들으면서 격세지감을 느꼈을지 모릅니다. 1948년 5월 14일 낮 12시, 당시 38선을 가로지르는 고압선의 전기 흐름이 끊긴 지 57년 만에 양측의 입장이 정반대로 바뀌었으니까요. 당시 북한은 전기를 끊을 것을 통보한 지 딱 90분 만에 매정하게 전기 공급을 중단했습니다. 그때 북한은 이렇게 통보했지요. "전기 요금을 안 내서 전기를 끊겠다."

당시는 한반도에서 쓰이는 전기의 96퍼센트가 북한에 몰려 있는 발전소에서 생산되던 때였습니다. 북한이 일방적으로 전기를 끊자 남한에서는 난리가 났지요. 전등을 사용하는 것이 금지됐고, 문 닫는 공장도 속출했습니다. 상상해보세요. 만약 지금 이런 일이 일어난다면 어떻게 될까요? 당시보다 전기 의존도가 훨씬 높기 때문에 전쟁이 일어난 것만큼 끔찍한 일이 발생할 것입니다. 이렇게 전기는 무기로 사용될 수 있을 정도로 현대 사회에서 매우 중요합니다.

한번 생각해봅시다. 이미 50여 년 전에 현대 사회에서 전기가 치명적인 무기로 돌변할 수 있다는 사실을 몸소 체험한 북한이 남한으로부터 전기를 직접 공급받는다는 계획을 선뜻 받아들일 수 있었을까요? 아주 가까운 관계의 나라끼리도 전기를 직접 송전하는 게 어려운데, 서로 총부리를 겨누고 있는 상황에서 자신들이 사용하는 전기의 절반가량을 남한에 의존하기가 꺼려지는 게 북한의 입장에서는 당연합니다. 만약 남한이 전기를 끊어버리면 북한은 그야말로 아수라장이 될 테니까요.

이런 사정을 의식해 한국 정부는 일단 이렇게 약속했습니다. "전쟁이 터지기 전에는 전기를 끊는 일이 없을 것이다." 북한이 이 약속도 믿지 못할까봐 '보증'까지 세우기로 했습니다. 러시아, 미국, 일본, 중국이 이 약속을 보증하도록 하겠다는 것입니다. 그러나 북한은 결국 이 약속을 받아들이지 않았습니다. 북한을 눈엣가시처럼 싫어하는 미국의 요구에 'No!'라고 말한 적이 없는 남한을 신뢰하지 않는 것이지요.

석유와 핵의 인질이 된 한반도

더구나 이런 제안은 1994년 북한에 원자력 발전소를 짓는 것을 지원하기로 결정한 것보다 중·장기적으로 더 큰 문제를 안고 있습니다. 북한에 200만 킬로와트나 되는 많은 전력을 보내기로 결정한 한국 정부의 제안에는 중요한 전제 조건이 있습니다. 남한에 지금보다 훨씬 더 많은 화력·원자력 발전소를 계속 지어야만 이런 제안을 실천에 옮길 수 있다는 것이죠. 한반도 전체에 충분한 전기를 공급하려면 이런 대형 발전소 건설은 꼭 필요합니다.

원자력 발전소와 대형 화력 발전소의 문제점은 앞에서도 언급한 적이 있습니다. 원자력 발전소는 항상 사고의 위험을 안고 있는 데다 거

길게 늘어서 있는 송전탑 :
주변 경관을 해치는 송전탑. 더구나 송전탑 건설은 끊임없이 생태계 파괴와
전자파 피해 논란에 휩싸여왔다.

기서 배출되는 방사성 폐기물을 처리하는 것 또한 여간 힘든 게 아닙니다. 대형 화력 발전소 역시 골칫덩어리입니다. 일단 석유 시대가 끝나면 석유와 천연가스를 원료로 하는 화력 발전소는 큰 위기에 직면할 게 뻔합니다. 아직도 석유 고갈 사태가 먼 미래의 일이라고 믿는다면 이런 건 어떻습니까?

2005년 2월부터 기후변화협약 교토의정서가 발효되었습니다. 지구 온난화를 막기 위해 이산화탄소(CO_2)와 같은 온실가스를 줄이는 데 세계 각국이 적극적으로 나서기로 한 것이지요. 이 때문에 세계 각국은 이산화탄소를 배출하는 화력 발전소를 어떻게 처리할지를 놓고 머리를 싸매고 있습니다. 이미 한국의 이산화탄소 배출량이 세계에서 아홉 번째로 많다는 것을 염두에 두면, 화력 발전소의 비중을 줄이는 일은 당장 발등에 떨어진 불과 같습니다.

다른 문제도 있습니다. 남한에서 생산한 전기를 북한에서 이용하려면 남북을 잇는 거대한 송전망이 필요합니다. 남한 곳곳에서 볼 수 있는 대형 송전탑을 이제 북한에서도 볼 수 있게 되는 것이지요. 이런 송전망을 건설하는 데는 긴 시간과 엄청난 비용이 들어갑니다. 60여 년간 남북한의 송전망이 전혀 다른 방식으로 구성되어온 것까지 염두에 두면 자칫 잘못하다가는 '배보다 배꼽이 더 큰' 상황이 벌어질지도 모릅니다.

이 같은 송전망이 계속 생태계 파괴와 전자파 피해 논란에 휩싸여왔다는 것도 기억할 필요가 있습니다. 고압의 전류가 흐르는 송전망이 지나가는 곳마다 전자파 피해를 호소하는 주민의 항의가 끊이지 않습니다. 더구나 이런 송전망은 주변 경관을 심하게 해칩니다. 강원도 등지를 여행할 때 백두대간을 따라 송전탑이 끝없이 늘어서 있는 모습을 봤지요? 이제 그런 송전탑을 백두산과 두만강에서도 본다고 상상해보세요.

한반도를 태양과 바람의 나라로

그럼 다른 좋은 방법이 없을까요? 오랫동안 남북한 에너지 문제를 연구해온 이들과 얘기를 나눠보면 전혀 방법이 없는 게 아닙니다. 우선 북한이 계속 요구해온 것들이 있습니다. 현재 북한은 발전소의 가동률이 20퍼센트 수준에 불과합니다. 노후화된 발전소의 시설을 수리·개선하는 것만으로도 북한의 전기 사정은 지금보다 훨씬 나아질 수 있습니다. 북한이 계속 남한을 비롯한 주변국에 발전소 설비를 개선하는 데 도움을 줄 것을 요구해온 것도 이런 사정 탓이고요.

그러나 북한의 이런 요청에도 남한을 비롯한 주변국은 꿈쩍도 하지 않고 있습니다. 원자력 발전소 건설보다 모든 면에서 훨씬 더 나은 방법이 있는데도 외면하고 있는 것이지요. 한국 정부의 소극적인 태도는 더 답답합니다. 앞으로 남북 경제 협력이 계속 확대될 것을 염두에 두면 북한의 발전소를 현대화하는 것은 중·장기적으로 남쪽에도 이득이 될 텐데, 계속 모른 척하고 있습니다.

북한은 그동안 태양, 풍력과 같은 재생 가능 에너지에도 적극적인 관심을 보여왔습니다. 이런 북한의 재생 가능 에너지에 대한 관심은 남북한의 송전망 차이와 깊은 관계를 맺고 있습니다. 남한의 송전망이 통일된 망이라면, 북한은 지역마다 송전망이 단절돼 있습니다. 이런 송전망을 가진 북한 입장에서는 대형 발전소보다 해당 지역에서 자급할 수 있는 태양이나 풍력 등의 발전소가 더 유리합니다.

실제로 베이징과 평양을 오가며 북한에 재생 가능 에너지를 도입하는 사업을 추진 중인 사업가를 만나서 이야기를 들어보면, 지금 북한에 부족한 것은 '의지'가 아니라 '자원'입니다. 만약 남한과 주변 국가에서 지원만 해준다면 한반도 전체를 '태양과 바람의 나라'로 만드는 물꼬가 북한에서 터질 가능성도 충분합니다. 북한의 성공은 자연스럽게 남한의 재생 가능 에너지 확대를 자극할 테니까요.

비록 화석연료이지만 석유 대신 천연가스를 이용한 열병합 발전을 북한에 지원하는 것도 고려해볼 만합니다. 열병합 발전은 전기와 열을 동시에 생산할 수 있기 때문에 북한 주민들에게 실질적으로 큰 도움이 됩니다. 또 이산화탄소가 적게 발생해 환경에 대한 부담도 적습니다. 기존의 원자력·화력 발전에 비해 효율이 두 배 이상 높은 것도 큰 장점입니다. 예를 들어 화력 발전의 효율은 40퍼센트가 채 안 되는 반면에 열병합 발전의 효율은 90퍼센트에 이릅니다. (물론 천연가스관을 놓는 문제가 발생합니다만, 이것은 송전망을 건설하는 것보다 시간과 비용이 훨씬 더 적게 듭니다.)

■ 한 걸음 더 : '펑펑' 전기 쓰기 전에 생각해볼 일들

마지막으로 한 가지만 덧붙이겠습니다. 이 글을 읽는 지금 여러분의 방 온도를 한번 생각해보세요. 한국은 1인당 연간 석유 소비량이 2.14톤으로 독일 1.56톤, 프랑스 1.49톤, 영국 1.32톤, 일본 2.0톤과 비교했을 때 단연 높습니다. 이들 국가의 1인당 국내총생산(GDP)이 한국의 2~3배라는 점을 감안해보세요. 자랑스럽게도(?) 한국은 세계 최고 수준의 에너지 소비국입니다.

이 때문에 일부 환경단체는 북한에 전력을 직접 공급하자는 정부 제안이 나왔을 때, 에너지를 효율적으로 이용하고 소비를 줄인다면 발전소를 새로 짓지 않고도 200만 킬로와트의 전력을 북한에 공급할 수 있다는 주장을 내놓기도 했습니다. 더운 여름에 에어컨은커녕 선풍기도 돌릴 사정이 안 되는, 또 인근 산을 민둥산으로 만들어야 겨우 추운 겨울을 날 수 있는 북한 동포를 생각한다면 당장 방 안의 온도가 적정한 수준인지부터 살펴보세요.

: : 깊이 읽기

『에너지 전환의 현장을 찾아서: 독일 에너지 기행』, 이필렬 지음, 궁리, 2001.
『미래의 에너지: 지속가능한 에너지 대책 수립을 위한 비전』, 에머리 로빈스·페터 헤니케 지음, 임성진 옮김, 생각의나무, 2001.

'오래된 지혜' 식탁을 살리다

캘리포니아 주에서 재배되어 영국으로 보내지는 상추는 에너지로 환산하면 자기보다
127배나 많은 화석연료를 소비합니다. 과일, 꽃, 채소 등의 구성성분이
물이라는 것을 염두에 두면 그것들을 배로 실어 나르는 것은 마치 '차가운 물을
운송하느라 석유를 태우는 과정'이라고 볼 수 있습니다.

최근 들어 부쩍 많이 받는 질문이 있습니다.
"도대체 뭘 먹어야 하나요?"

식품 안전과 관련된 기사를 많이 쓰다보니 이런 질문을 받는 게 당연할 텐데도, 정작 선뜻 대답하기는 쉽지 않습니다. 각종 중금속과 화학물질에 오염된 먹을거리, 항생제 범벅의 먹을거리, 광우병 감염 위험이 있는 쇠고기 등 분명히 우리 식탁은 위기 상황입니다. 그러나 더욱 문제는 뚜렷한 해결책이 보이지 않는다는 데 있습니다.

유기농업으로 생산된 먹을거리가 있긴 합니다. 그러나 비싼 가격을 생각하면 서민들에게 권하기 쉽지 않습니다. 이 글을 쓰는 나부터도 엄두를 내지 못하는 게 현실이니까요. 더구나 최근에 뉴질랜드, 중국 등에서 생산된 유기농업 먹을거리가 국내에 들어오면서 고민은 더욱더 커졌습니다. 이렇게 '물 건너 온' 깨끗한 먹을거리를 어떻게 판단해야 할까요? 고생해서 생산된 유기농업 먹을거리마저 상대적으로 값이 싼 중국산에 밀리는 것을 볼 때면 한숨부터 나옵니다.

최근에 이런 여러 가지 고민을 먼저 한 이들을 만나 대화를 나눌 기회

가 있었습니다. 그들은 각각 미국, 영국, 캐나다에서 '지역 먹을거리(local food)' 를 확산하기 위해 노력하고 있었습니다. 지역 먹을거리 운동은 가능하면 지역에서 생산된 농산물이 해당 지역에서 소비될 수 있도록 하는 활동을 가리킵니다. 설마 옛날로 돌아가자는 얘기냐고요? 그렇습니다. 지금 위기에 처한 우리의 식탁을 구하기 위해서는 '오래된 지혜' 에 귀를 기울여야 합니다.

먹을거리 맞바꾸기, 그 진실

2001년 9.11 테러 직후, 뉴욕 시의 식당과 가게들은 큰 어려움에 직면합니다. 뉴욕 시의 안과 밖을 연결하는 교통이 차단되자 먹을거리의 공급이 중단된 것입니다. 언뜻 보면 당연하게 여겨지는 이 상황은, 사실 뉴욕 시를 둘러싸고 있는 어처구니없는 현실을 잘 보여줍니다. 다름 아니라 뉴욕 주는 미국 농무부가 인정한 최고 등급의 토양을 갖고 있는 미국에서 가장 오래된 농업 지역입니다. 뉴욕 주의 연근해 역시 세계 최고의 어장이고요.

　어선 선단에 에워싸인 생선 없는 생선 가게, 상추와 토마토 밭에 둘러싸인 샐러드 없는 레스토랑, 이런 역설적인 광경이 뉴욕 시에서 벌어진 것입니다. 도대체 이런 광경을 만들어낸 원인은 무엇일까요? 월드워치연구소의 브라이언 핼웨일(Brian Halweil)은 전 세계에 걸친 거대한 '먹을거리 맞바꾸기' 가 이 모든 어처구니없는 상황의 원인이라고 지적합니다. 먼저 실상을 살펴봅시다.

　영국의 전통적인 일요일 식사에 쓰이는 쇠고기, 감자, 당근, 콩, 딸

기 등은 예외 없이 물 건너옵니다. 그 수송거리를 따져볼까요? 오스트레일리아 쇠고기는 2만 1,462킬로미터, 이탈리아 감자는 2,447킬로미터, 남아프리카공화국 당근은 9,620킬로미터, 타이 강낭콩은 9,532킬로미터, 미국 캘리포니아 주 딸기는 8,772킬로미터. 그러나 이렇게 수천 킬로미터를 이동해온 이 모든 재료는 영국에서 1년 내내 손쉽게 구할 수 있는 것들입니다.

영국에서 생산된 것만으로는 그 양이 부족한 탓일까요? 아닙니다. 한 가지 예를 들어보겠습니다. 영국은 외국으로부터 우유를 대량으로 수입하고 있습니다. 그러나 이와 동시에 영국은 거의 비슷한 양의 우유를 외국으로 수출하고 있습니다. 미국은 덴마크 쿠키를 수입하고 덴마크는 미국 쿠키를 수입하는 웃기는 상황이 실제로 벌어지고 있는 것입니다. 제조법을 서로 교환하는 것이 훨씬 더 효율적일 텐데 아무도 그렇게 하지 않습니다.

예를 하나 더 들어보겠습니다. 하와이는 해마다 약 4만 2,000마리의 소를 배에 태워 3,500킬로미터나 떨어진 미국 캘리포니아 주로 보냅니다. 이렇게 캘리포니아 주로 보내진 소는 고기로 포장돼 다시 하와이로 돌아옵니다. 캘리포니아 주의 부두가 기상 악화 등으로 마비되면 당장 하와이의 쇠고기 판매점에는 비상이 걸립니다. 마치 뉴욕 시가 먹을거리의 한복판에 있으면서도 먹을거리를 공급하지 못했던 것과 똑같은 상황입니다.

이렇게 전 세계에 걸친 거대한 '먹을거리 맞바꾸기'가 진행되면서 발생하는 가장 큰 문제는 바로 막대한 화석연료의 낭비입니다. 캘리포니아 주에서 재배되어 영국으로 보내지는 상추는 에너지로 환산하면 자기보다 127배나 많은 화석연료를 소비합니다. 과일, 꽃, 채소 등의 구성성분이 물이라는 것을 염두에 두면, 그것들을 배로 실어 나르는 것은 마치 '차가운 물을 운송하느라 석유를 태우는 과정'이라고 볼 수 있습니다.

이런 상황에서 만약 몇 년 안에 앞에서 지적한 '석유 생산 정점'이 현실화되면 전 세계의 먹을거리 공급은 대혼란 상태에 빠질 가능성이 높습니다. 십분 양보해서 석유 생산 정점이 먼 훗날의 일이라고 하더라도, 화석연료를 소비하는 탓에 발생하는 지구 온난화는 어떻게 할까요? 지구 온난화로 인해 기온과 강수량 등이 변하면서 곡물 수확량 역시 이미 과거와 비교할 수 없을 정도로 감소하고 있습니다.

카길이 지배하는 세상

이렇게 먹을거리가 전 세계를 종횡으로 가로지르는 동안 가장 큰 피해를 보는 사람은 바로 농민입니다. 정작 소비자가 먹을거리에 지출하는 돈의 대부분은 농민의 주머니로 들어가지 않습니다. 미국에서 소비자가 1달러를 지출할 때 농민에게 돌아가는 몫은, 1910년에는 40센트였으나 1997년에는 고작 7센트로 줄어들었습니다. 소비자가 1달러를 주고 빵을 사면 밀 재배 농민에게 돌아가는 것과 똑같은 몫이 포장업자에게 돌아갑니다. 이처럼 먹을거리가 멀리 이동하면서 운송, 가공, 포장,

먹을거리의 이동거리가 길수록 소비자의 부담도 더 늘어납니다.
그렇다면 과연 누가 이익을 볼까요?
바로 운송, 가공, 포장, 판매를 독점하고 있는 카길과 같은 소수의 기업은 계속 덩치를 키우고 있습니다.

판매가 먹을거리 생산 자체보다 더 중요해졌습니다. 농민만 피해를 보는 것이 아닙니다. 먹을거리의 이동거리가 길수록 소비자의 부담도 더 늘어납니다. 그렇다면 과연 누가 이익을 볼까요? 바로 운송, 가공, 포장, 판매를 독점하고 있는 카길과 같은 소수의 기업은 계속 덩치를 키우고 있습니다. 이미 이 기업은 '생산' 까지 좌지우지하고 있습니다.

카길 :
농민들이 경기도 분당에 위치한 미국계 곡물기업 카길 한국지사를 점거하고 농성을 벌이고 있다.

최근 들어 카길(무역), 몬샌토(종자) 등은 전략적 제휴를 통해 농민의 숨통을 죄면서 생산까지 지배할 태세입니다. 예를 들면 이런 식입니다. 돈줄을 쥐고 있는 곡물 구매자 카길은 몬샌토에서 판매하는 종자를 재배한 곡물만을 구매합니다. 당신이 몬샌토 종자가 아닌 지역 고유의 종자를 재배했다가는 애써 수확한 곡물을 아무 데에도 팔 수 없습니다. 몬샌토 종자를 살 돈이 없으면 어떻게 할까요?

역시 카길이 해결책을 제시합니다. 카길 소유의 엘스워스 은행은 몬샌토 종자와 또 다른 카길 소유의 새스퍼코 비료를 구입하는 조건으로 돈을 빌려줍니다. 카길이 제시한 낮은 가격에 곡물을 팔 마음이 없어서 돼지 사료로 썼다고요? 그럼 다른 해결책이 있습니다. 이번에도 역시 카길 소유의 엑셀이 나설 차례입니다. 엑셀은 기꺼이 그 곡물을 먹인 돼지를 구매해줍니다.

이렇게 카길, 몬샌토 등에 휘둘리다 못해 전 세계의 수많은 농민들이 수백 년간 지켜온 땅을 포기하고 도시로 떠났습니다. 그러나 이렇게 땅을 떠났더라도 결코 먹을거리 산업을 주도하는 기업의 손아귀에서 벗어날 수는 없습니다. 가난한 그들이 아침식사로 먹는 시리얼은 카길 소유의 카길푸드가 독점 공급한 옥수수로 만들어집니다. 당신도 결코 카길이 지배하는 세상에서 벗어날 수 없습니다.

'오래된 지혜'를 찾아서

지역 먹을거리 운동은 바로 이런 상황을 극복하고자 전 세계 곳곳에서 태동했습니다. 여기에는 온갖 실천이 다 해당됩니다. 농민과 소비자가 직거래를 할 수 있도록 농민장터를 열고, 지역에서 생산된 먹을거리를 해당 지역의 학교, 병원, 기업 급식의 재료로 사용합니다. 지역의 고유한 종자를 이용해 재배한 먹을거리를 전통적인 방법으로 요리해 보급하는 것도 지역 먹을거리 운동의 한 방법입니다.

그 동기도 다양합니다. 미국 뉴욕 주 이스트햄튼의 앤 쿠퍼가 지역 먹을거리에 관심을 두게 된 것은 아이들의 비만 때문이었습니다. 학교 조리사였던 쿠퍼는 모든 급식 식단을 해당 지역의 농민과 어민이 제철에 공급하는 지역 먹을거리로 구성했습니다. 하버드 대학이 검사를 해보니 이렇게 쿠퍼가 공급한 지역 먹을거리를 먹은 아이는 미국의 보통 아이에 비해 과일과 채소를 두 배나 더 많이 섭취한 것으로 확인되었습니다.

영국 런던에서는 2006년 6월부터 '런던 푸드 플랜(London food plan)' 이라는 계획을 실시했습니다. 이 계획은 앞으로 10년 안에 런던의 학교, 병원, 식당에서 쓰이는 거의 모든 먹을거리를, 150킬로미터 안에서 생산된 지역 먹을거리로 제한하자는 것입니다. 런던은 이미 일부 병원, 학교 급식을 지역 먹을거리로 제한하고 있습니다. 이 계획이 성공하면 지역 먹을거리가 일부 지역에 국한된 것이 아니라 대도시에서도 적용될 수 있음을 보여줄 것입니다.

지역 먹을거리의 가장 큰 수혜자는 궁극적으로 소비자입니다. 옛날에 그랬던 것처럼 소비자와 거리가 가까워질수록 생산자는 자연스럽게 더 깨끗한 먹을거리를 더 싼 가격에 소비자에게 공급하게끔 됩니다. 지역 먹을거리 운동이 일단 시작되자 상당수 생산자가 자발적으로 유기농업으로 전환한 예가 세계 곳곳에서 확인됩니다. 물론 카길과 같은 기업에 돌아갈 돈은 고스란히 생산자와 소비자의 이익으로 남게 되지요.

빠른 속도로 농업과 농민의 붕괴를 겪고 있는 한국에서 과연 지역 먹을거리 운동이 뿌리를 내릴 수 있을까요? 한국에서는 2006년부터 대구 지역의 노동조합, 농민단체, 시민단체가 공동으로 참여해 지역 먹을거리 운동을 전개하고 있습니다. 여기에 지역 언론까지 가세해 농민장터를 소비자에게 널리 알리는 역할을 하고 있다고 합니다. 오래된 지혜를 찾기까지 많이 돌아왔지만, 일단 방향은 잘 잡은 것 같습니다.

앞으로 누가 "도대체 뭘 먹어요?" 하고 묻는다면, 이렇게 대답하겠습니다. "지역 먹을거리를 찾으세요."

■ 한 걸음 더 : 도덕적 거리?

지역 먹을거리의 '기준'이 되는 거리는 얼마나 될까요? 많은 국가에서는 지역 먹을거리를 반경 50킬로미터 이내에서 생산된 것으로 규정하고 있습니다. 그러나 국토가 넓은 미국, 캐나다, 또 런던과 같은 대도시의 경우에는 150킬로미터로 그 범위를 넓혀서 규정하기도 합니다. 150킬로미터는 하루 동안 자동차로 무리 없이 먹을거리를 옮길 수 있는 거리입니다. 이런 기준은 품목에 따라서 달라지기도 합니다.

상추, 토마토처럼 수분이 많은 채소는 금방 신선도가 떨어지기 때문에 그 범위도 훨씬 좁습니다. 그러나 밀과 쌀은 더 오래 보관할 수 있어서 지역 먹을거리의 범위가 더 넓어질 수도 있습니다. 이번에 만난 지역 먹을거리 운동을 펼치는 이들은 한국에서 쌀의 경우 지역 먹을거리의 기준을 남한 전체로 해도 큰 무리가 없을 것이라고 말하기도 했습니다.

그럼 뉴질랜드나 중국에서 유기농업으로 생산한 먹을거리는 어떻게 봐야 할까요? 캐나다 토론토에서 지역 먹을거리 운동을 벌이고 있는 웨인 로버츠(Wayne Roberts)는 '도덕적 거리'를 언급하고 있습니다. 물리적 거리가 아무리 가깝더라도 이 도덕적 거리가 멀다면, 결코 바른 먹을거리로 보기 힘들다는 지적입니다. 뉴질랜드에서 한국으로 이동하는 동안 막대한 화석연료를 낭비한, 그러나 유기농업으로 재배한 호박이 과연 바른 먹을거리일까요? 한번 곰곰이 생각해보십시오.

:: 깊이 읽기

『로컬 푸드: 먹거리 – 농업 – 환경, 공존의 미학』, 브라이언 핼웨일 지음, 구준모 · 김종덕 · 허남혁 옮김, 시울, 2006.

인간 복제
디스토피아

이보다 더 심각한 것은 고대 이래로 인간을 유혹해온 '불로불사', 즉 늙지도 않고 죽지도 않으려는 욕망입니다. 사실 줄기세포 연구에 많은 과학자가 매달리는 것도 바로 이 '현대판 불로불사'에 대한 꿈을 실현하기 위해서입니다. 돈이 많은 부자가 나중에 자신이 필요한 장기를 적출하기 위해서 똑같은 복제인간을 미리 만들어놓는다는 게 전혀 허무맹랑한 설정은 아니라는 것이지요.

비록 '사기극'으로 끝나긴 했습니다만, 지난 몇 년간 계속된 황우석의 행보는 인간 복제의 가능성을 활짝 열었습니다. 여전히 미심쩍긴 하지만 세계 최초로 개를 복제하는 등 적어도 동물 복제에 한해서는 성과를 올린 게 틀림없으니까요. 다른 포유류의 복제가 계속 성공하고 있는 상황을 염두에 두면 인간 복제 역시 충분히 가능합니다. 다만 '의지', '자원', '시간'의 문제일 뿐입니다.

인간 복제와 관련된 여러 가지 윤리 문제를 둘러싼 논란을 극복할 수 있는 의지와, 여러 가지 시행착오를 거치면서도 계속 인간 복제가 가능하도록 뒷받침할 수 있는 비용, 여기에 충분한 시간만 주어진다면 복제인간 역시 현실이 될 수 있습니다. 물론 인간을 복제하는 데 필요한 수많은 난자도 확보되어야겠지요. 황우석의 줄기세포 연구에 수년

스너피(오른쪽) :
황우석·이병천 교수팀에 의해 태어난 최초의 복제 개.

프랑켄슈타인 :
조물주의 영역에 도전해 인간을 창조한 과학자와 그가 창조한 괴물을 통해, 첨단 과학시대에도 여전히 유효한 문제들을 다루고 있다.

간 수천 개의 난자가 동원된 사실을 한번 떠올려보세요.

　많은 사람들은 이만한 희생을 감수하면서 굳이 인간 복제를 시도할 '미친' 과학자가 있을까 하고 의구심을 가질 것입니다. 그러나 과학자의 속성을 떠올려보면 꼭 그렇지도 않습니다. 과학자는 보통 미지의 것에 대해 호기심이 남다릅니다. 과학자라면 누구나 메리 셸리(Mary W. Shelley)의 소설 『프랑켄슈타인』에 등장하는 물리학자 프랑켄슈타인과 같은 속성을 조금이라도 가지고 있습니다.

　만약 인간 복제에 호기심이 있는 과학자에게 충분한 자원과 시간이 주어진다면, 그 호기심을 밀어붙일 과학자는 분명히 존재합니다. 이렇게 인간 복제에 강한 호기심을 가진 과학자가 있더라도 그를 지원할 사람은 없다고요? 이 역시 간단히 고개를 젓고 말 일이 아닙니다. 현재까지 인간 복제를 지원할 가장 유력한 집단은 바로 외계인이 인류의 기원이라고 믿는 종교단체 '라엘리안 무브먼트(Raelian Movement)'입니다.

예고된 인간 복제

이미 2002년에 라엘리안 무브먼트가 세운 '클로네이드(Clonaid)'는 복제인간 '이브'를 만들었다고 발표해 화제가 된 적이 있습니다. 여러 가지 정황으로 볼 때 클로네이드의 발표는 자신들의 종교를 널리 알리기 위한 거짓말로 확인됐고, 이 최초의 복제인간 발표는 해프닝으로 끝났습니다. 그러나 이 해프닝으로 알 수 있듯이 복제인간의 탄생을 원하는 사람은 한둘이 아닙니다. 당장 라엘리안 무브먼트의 신자만 해도 전 세계적으로 6만 명에 육박한다고 하니까요.

이보다 더 심각한 것은 고대 이래로 인간을 유혹해온 '불로불사(不老不死)', 즉 늙지도 않고 죽지도 않으려는 욕망입니다. 사실 줄기세포 연구에 많은 과학자가 매달리는 것도 바로 이 '현대판 불로불사'에 대한 꿈을 실현하기 위해서입니다. 돈이 많은 부자가 나중에 자신이 필요한 장기를 적출하기 위해서 똑같은 복제인간을 미리 만들어놓는다는 게 전혀 허무맹랑한 설정은 아니라는 것이지요.

이런 설정은 영화 「아일랜드」(마이클 베이 감독)에서도 반복되고 있습니다. 물론 영화에서처럼 원본과 외모는 물론 기억까지 똑같은 복제인간을 금세 만들어내는 것은 현실적으로 불가능합니다. 그러나 훗날을 위해서 보험 들 듯이 자신과 똑같은 복제인간을 만들려는 사람은 충분히 존재할 수 있습니다. 「아일랜드」의 명대사처럼 "굳이 소(인간)를 보지 않아도 쇠고기(장기)는 먹을 수 있으니까요."

인간 배아에서 추출한 줄기세포를 특정한 장기로 분화하는 데 앞으로 얼마나 더 많은 시간이 걸릴지 알 수 없는 현실에서, 불로불사의 꿈을 가진 부자가 인간 복제에 대한 호기심으로 가득한 과학자와 의기투합하는 악몽 같은 일이 현실에서 일어나지 말라는 법은 없습니다. 지금도 후진국을 중심으로 장기 매매가 광범위하게 이루어지고 있는 현실을 염두에 두면 당장에 이런 일이 벌어진다고 해도 놀랄 일은 아닙니다.

원본을 대신할 것을 강요당하는 복제의 슬픔

가끔 인간 복제의 위험을 경고해야 할 과학자가 오히려 인간 복제는 '시간차가 나는 쌍둥이'일 뿐이라며 문제 될 게 없음을 강변하는 모습을 보면 답답하기 그지없습니다. 복제인간은 쌍둥이와는 비교조차 할 수 없는 정체성 혼란의 문제를 불러올 수 있기 때문입니다. 여기서는 샤를로테 케르너(Charlotte Kerner)의 소설 『블루프린트』를 통해 복제인간의 출현으로 어떤 복잡한 일이 생길 수 있는지 살펴보겠습니다.

이 소설의 주인공 시리는 복제인간입니다. 유명한 작곡가이자 피아니스트인 어머니(또는 쌍둥이 언니) 이리스는 신경세포가 서서히 파괴되는 불치병에 걸리자, 자기의 능력을 고스란히 물려받은 아이를 낳아 남은 생애 동안 자기와 똑같은 음악가로 만들고 싶어합니다. 하지만 이리스는 자연적인 남녀의 생식을 통해 아이를 낳기보다는 자기와 똑같은 복제인간을 선호합니다. 남녀의 생식을 통해 낳은 아이는 자기 능력이 발현되지 않을 가능성이 있으니까요.

(이와 관련해서는 유명한 에피소드가 있지요. 독설가로 유명한 극작가 버나드 쇼 G. Bernard Shaw를 스페인의 유명한 무용가 이사도라 던컨Isadora Duncan이 "당신의 머리와 나의 미모가 합쳐지면 아주 훌륭한 아이가 탄생할 것"이라며 은근히 유혹했습니다. 쇼는 단 한 마디로 이를 거절합니다. "그렇게 끔찍한 말씀을 하시다니요. 외모는 나를 닮고 머리는 당신을 닮는다고 생각해보세요." 이리스도 아마 이런 상황을 염두에 뒀겠지요.)

우여곡절 끝에 태어난 복제인간 시리는 이리스의 유전자를 그대로 물려받아 음악에 선천적인 재능을 타고났습니다. 더구나 음악가로 성장하는 데 필요한 최적의 환경에서 자랐으니, 이리스의 뜻대로 비교적

인간 복제가 과연 '시간차가 나는 쌍둥이' 일 뿐일까요?
복제인간은 쌍둥이와는 비교조차 할 수 없는 정체성 혼란의 문제를 불러올 수 있습니다.

순탄하게 뛰어난 음악가가 되기 위한 과정을 밟습니다. 하지만 시리가 사춘기에 접어들면서부터 전혀 예상치 못한 문제가 발생합니다. 시리가 극심한 정체성 혼란에 빠져든 것입니다.

사실 시리는 이리스의 꿈을 대신 구현할 대리인으로 살아왔습니다. 하나의 독립된 고유한 인간으로 존재해오지 못한 것이지요. 이런 상황은 스스로의 정체성을 확립해야 하는 시기를 맞은 시리에게 큰 고통으로 다가옵니다. 점점 성장할수록 시리는 이제 복제인간으로 태어난 자신의 운명을 저주하게 됩니다. 얼른 이해가 안 된다고요?

그럼 다른 상황을 한번 생각해봅시다. 사고로 죽은 딸을 복제하려는 많은 부모들이 그 복제된 딸에게 요구하는 것은 죽은 딸(원본)의 모습이지 새롭게 태어난 딸(복제)이 만들어갈 모습이 아닙니다. 이 경우에도 그 복제인간은 극심한 정체성 혼란에 시달릴 수밖에 없겠지요. 만약 복제인간이 한둘이 아니라면, 이런 문제는 한 가정을 넘어 극심한 사회 문제로 떠오를 것입니다.

근친상간보다 더 복잡한 관계의 혼란

이 소설은 시리의 정체성 혼란에 더해 복제인간의 출현이 야기할 관계의 혼란도 잘 보여줍니다. 혼란을 겪는 것은 복제인간 시리뿐만이 아닙니다. 복제인간에 반대했던 이리스의 어머니(시리의 할머니?)는 어느 날 시리가 피아노 치는 모습을 보면서 깜짝 놀랍니다. 시리에게서 어렸을 적 이리스와 똑같은 모습을 발견한 것입니다.

자신이 원하지 않은 또 다른 자기 딸 시리를 보면서 이리스의 어머니는 극심한 혼란을 겪게 됩니다. 자기와 시리의 관계, 사별한 남편과 시리의 관계는 무엇인가? 이리스의 어머니는 결국 시리에게 이런 말을 내뱉습니다. "괴물!"

혼란을 느끼는 것은 이리스의 애인 역시 마찬가지입니다. 이리스의 애인은 자신의 여자친구 이리스와 똑같으면서도 더 젊은 시리에게 끌리는 자신의 모습에 혼란스러워합니다. 공교롭게도 시리 역시 이리스의 애인을 사랑하게 됩니다. 복제가 원본을 좇아 같은 남자를 좋아하게 된 것이지요.

그럼 정작 이 모든 혼란을 불러일으킨 이리스는 어떨까요? 시리의 정체성 혼란과 그를 둘러싼 관계의 혼란을 겪으면서 이리스 역시 자신이 도대체 무슨 짓을 저지른 것인지 점점 혼란에 빠지게 됩니다. 특히 시리와 애인 사이의 관계를 알게 된 이리스는 시리에 대해서 불같은 질투를 느끼게 되고 심지어 시리를 심하게 증오하기에 이릅니다. 결국 원본과 복제 사이의 관계는 파국으로 치닫습니다.

이 소설의 설정은 결코 극단적인 게 아닙니다. 당장 사고로 죽은 딸을 복제했다고 가정해봅시다. 그 딸에게는 열 살 난 아들이 있었습니다. 그 아들에게는 복제로 태어난 딸이 어떤 존재일까요? 아내와 사별한 남편 입장에서는요? 단순히 나이 어린 쌍둥이 이모 또는 처제로 생각할 수 있을까요? 이 정도면 근친상간이 초래하는 관계의 혼란은 비할 바가 못 됩니다.

복제인간과 같이 살 준비가 되어 있나요?

19세기 초 영국에서 진행됐던 러다이트(Luddite) 운동을 떠올려보세요. 기계가 한창 보급되던 당시에 경제 불황이 닥치자 일자리를 잃게 된 노동자들은 모든 문제의 원인을 기계 탓으로 돌리고 기계 파괴 운동을 일으켰습니다. 과학기술의 발전이 사회에 가져올 영향을 제대로 가늠하지 못한 채, 또 사회 구성원 간에 충분한 합의 없이 도입된 공장의 기계화가 노동자들의 극심한 반발을 불러온 것이지요.

만약 어느 날 갑자기 복제인간이 우리 곁에서 살아갈 때, 우리는 과연 그들과 함께 살아갈 준비가 되어 있을까요? 감히 말하건대 기계 파괴 운동보다도 더 끔찍한 혼란이 초래될 것입니다. 영화 「아일랜드」에서 갑자기 자유를 얻은 수많은 복제인간들의 미래가 그다지 밝아 보이지 않은 것도 바로 이런 생각 때문입니다.

■ 한 걸음 더 : 달착지근한 전체주의?

베르나르 베르베르(Bernard Werber)의 「달착지근한 전체주의」에서는 1984년과 2084년의 텔레비전 방송을 비교하면서 현실을 비꼬고 있습니다. 2084년의 방송은 베르트랑 아제미앙이라는 위대한 소설가의 불운했던 삶을 조명합니다. 그는 100년 전 인간 복제의 문제점을 경고하는 소설을 썼지만, 아무런 주목을 받지 못한 채 결국 스스로 목숨을 끊었습니다. 하지만 100년 뒤 그의 소설은 모든 학교에서 가르치는 명작이 되었지요.

그럼 아제미앙이 고독한 절망 속에서 목숨을 끊을 당시 텔레비전 방송에서 주목한 문제는 무엇이었을까요? 일단 1984년에 화제가 됐던 소설은 작가의 여성 편력을 기록한 것이었습니다. 이 소설은 온갖 프로그램에 소개되더니 급기야는 대통령이 휴가 때 읽겠다고 해 더 눈길을 끌었습니다. 물론 100년이 지난 후, 이 소설을 기억하는 사람은 아무도 없었지요. 베르베르는 100년 후 아제미앙을 연구하는 당사자로 이 작가의 후손을 내세워 더욱더 재미를 더하고 있습니다.

베르베르의 이 짧은 소설은 여러 가지 시사점을 던져줍니다. 텔레비전의 모든 채널에서 한 소설가의 작품에 주목하는 현실이야말로 바로 조지 오웰이 『1984』에서 경고했던 그런 시대가 아닌가? 현대 과학기술의 사회적 문제에 대해 무관심한 지식인과 언론의 행태는 결국 큰 대가를 치를 수밖에 없지 않은가?

지금도 과학기술과 떼려야 뗄 수 없는 삶을 살아가는 우리는 이 베르베르의 질문을 경청해야 합니다.

: : 깊이 읽기

『블루프린트』, 샤를로테 케르너 지음, 이수영 옮김, 다른우리, 2002.
『전갈의 아이』, 낸시 파머 지음, 백영미 옮김, 비룡소, 2004.

난치병, 장애인 그리고 과학기술

2억 원짜리 집을 팔아도 3년밖에 버티지 못하는 비싼 약값을 감당할 수 있는 백혈병 환자가
과연 몇 명이나 되겠습니까? 다행히 지금은 백혈병 환자가 부담해야 할 글리벡 약값은 거의 없습니다.
물론 이 결과를 얻기 위해서 백혈병 환자들은 목숨을 걸고 정부와 노바티스에 항의해야 했습니다.
설사 줄기세포 연구가 질병 치료와 이어지더라도, 그 열매를 가난한 난치병 환자와
공유할 수 있을지 의심이 드는 것은 이런 사정 탓입니다.

비록 황우석의 줄기세포 연구는 실체가 없는 것으로 판명이 났지만, 앞으로도 줄기세포 연구는 계속될 것입니다. 이 연구가 질병 치료에 획기적인 기여를 할 것이라는 믿음이 여전히 건재하기 때문입니다. 이런 믿음에는 만약 이 연구가 실제로 질병 치료에 응용되었을 때 해당 과학자와 관련 기업, 더 나아가 한국 사회에 막대한 '부'를 안겨줄 것이라는 바람도 포함돼 있습니다. 황우석의 줄기세포 연구에 대한 전 국민의 열광도 이런 바람과 무관하지 않습니다.

그러나 줄기세포를 이용해 질병을 치료하려면 넘어야 할 장애물이 한두 가지가 아닙니다. 특히 배아 줄기세포 연구는 세계 곳곳에서 이것이 과연 질병 치료에 기여할 수 있을지를 회의하는 목소리가 끊임없이 흘러나오고 있습니다. 한 가지 예를 들어볼까요? 배아 줄기세포의 경우 치료를 위해 이식을 하면 종양, 곧 암 세포로 발전할 위험이 큽니다. 이런 사정 탓에 최근에는 줄기세포를 연구하는 과학자조차도 과연 이것이 질병 치료에 도움이 될지 의심을 한다는군요.

줄기세포, '희망'과 '절망' 사이

배아 줄기세포 연구는 더 큰 문제를 안고 있습니다. 연구에 쓰이는 수 많은 난자를 도대체 어디서 조달할지, 현재까지는 뾰족한 수가 없습니다. 많은 사람들은 기증 의사를 밝힌 여성으로부터 동의를 받으면 난자를 얻는 것은 별일이 아니라고 생각합니다. 그러나 현실은 정반대입니다. 난자 추출이 여성의 건강에 심각한 해를 끼칠 수 있다는 경고가 직접 난자를 추출당한 여성과 과학계에서 계속 나오고 있습니다.

원래 난자 추출은 불임 치료를 받는 과정에서 널리 이루어졌습니다. 일상적인 성 관계를 통해서 임신이 안 되는 부부는 난자를 추출한 다음, 체외에서 정자와 난자를 수정시킨 배아를 다시 자궁벽에 착상하는 방법을 사용합니다. 이런 인위적인 착상은 실패할 확률이 높기 때문에 여러 개의 배아가 필요합니다. 난자가 여러 개 만들어지는 호르몬을 여성에게 투여하는 것은 이 때문입니다.

난자 추출을 위해서는 7~10일 정도 매일 호르몬을 투여받아야 합니다. 이런 과정을 거치면 보통 한 달에 한 개씩 만들어지는 난자가 여러 개 나오게 됩니다. 이때 마취를 하고 질을 통해 바늘을 넣어서 성숙한 난자를 추출하는 수술을 받습니다. 말로 하면 간단하지만, 실제로 이 과정은 고통의 연속입니다. 이를 직접 경험한 이들은 이구동성으로 말합니다. "이 고통은 겪어보지 않고서는 모른다."

실제로 난자를 몸 밖으로 추출하는 과정은 말로 표현할 수 없는 불쾌감을 여성에게 안겨줍니다. 단지 불쾌감뿐만이 아닙니다. 최근에는 '난소 과자극 증후군(OHSS; ovarian hyperstimulation syndrome)'이 큰 주목을 받고 있습니다. 여성에게 호르몬을 투여하는 과정에서 복부 팽만, 복수

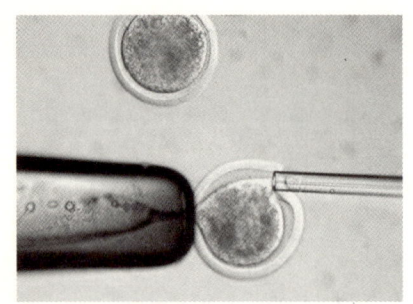

난자 :
난자에서 핵을 제거하고 체세포를 이식시키는 장면.

등의 증상이 나타나는 것이지요. 더구나 여러 차례 호르몬을 투여받은 여성이 나이가 들면 난소암에 걸릴 위험도 있다고 합니다.

이런 위험을 감수하고 수많은 난자를 사용한다 해도 정작 배아 줄기세포 연구가 질병 치료로 이어진다는 보장이 없다는 것은 앞에서 설명했습니다. 최근에는 배아 줄기세포보다 상대적으로 질병 치료로 이어질 가능성이 높다고 알려진 성체 줄기세포 연구조차도 의심의 눈초리에서 자유롭지 않습니다. 성체 줄기세포의 가능성을 연 것으로 주목받은 상당수 연구가 다시 재연되는 데 실패했기 때문입니다.

예를 하나 들어볼까요? 2001년 『네이처』에는 쥐의 골수 줄기세포를 이용해 심장마비로 손상을 입은 심장 세포를 치료했다는 연구결과가 실려 큰 주목을 받았습니다. 그러나 이 연구를 재연하려는 시도는 모두 실패로 돌아갔습니다. 국내에서도 많은 과학자들이 환자를 대상으로 성체 줄기세포의 질병 치료 효과를 입증하기 위해 노력하고 있지만, 반가운 소식을 듣기는 쉽지 않습니다.

질병 치료 효과가 입증되지 않은 상황에서 환자를 대상으로 이루어지는 임상시험도 큰 문제가 될 가능성이 높습니다. 만약 이런 임상시험으로 인해 환자가 목숨을 잃는 상황이라도 발생한다면 그 자체로도 큰 비극이지만, 장차 해당 분야 연구의 싹을 아예 잘라버릴지도 모르기 때문입니다. 한번 생각해보십시오. 실제로 1990년대 후반에 각광을 받은 유전자 치료의 경우 섣부른 임상시험으로 환자가 생명을 잃은 뒤 그 분야 자체의 연구가 아예 중단되고 말았습니다.

백혈병 환자를 두 번 울린 '글리벡'

문제는 이뿐만이 아닙니다. 2005년 5월 황우석이 『사이언스』에 조작된 논문을 발표한 후, 난치병 환자와 장애인의 권익을 보호하기 위해 애쓰는 분을 만날 기회를 가졌습니다. 만약 줄기세포 연구가 질병 치료로 이어지면 가장 큰 혜택을 보는 이들은 다름 아닌 난치병 환자와 장애인입니다. 자연히 황우석이 발표한 줄기세포 연구가 화제가 되었습니다. 백혈병 진단을 받은 후 동생으로부터 골수 이식을 받아 겨우 목숨을 건진 분이 이런 이야기를 하더군요.

"글리벡이라는 약이 있습니다. 만성 골수성 백혈병 환자에게 생명을 연장시켜주는 약이지요. 글리벡은 혈액의 정상 세포는 그대로 두고 암세포만 제거합니다. 백혈병 환자가 이 약을 복용하면 내성이 생길 때까지는 정상인처럼 생활할 수 있어요. 이 약은 2000년대 초 우리나라에 소개됐습니다. 많은 백혈병 환자들이 '이젠 살 수 있겠구나' 하고 이 약의 등장을 환영했습니다.

하지만 이 약이 국내에 소개된 후 오히려 문제가 생겼어요. 예전에는 만성 골수성 백혈병에 걸리면 거의 90퍼센트 이상 생명을 잃었습니다. 그러나 이 약이 소개된 후에는 살 수 있는 길이 열렸는데도 소수의 부자를 제외한 대부분의 사람들이 죽음을 기다리는 어처구니없는 상황에 직면했습니다. 이 약이 없을 때보다 더 절망적인 상황에 처한 것이지요. 결국 목숨을 건 싸움 끝에 약값을 많이 내리기는 했습니다만……

이번에 발표된 황우석 박사의 배아 줄기세포 연구 역시 마찬가지입니다. 이 연구가 질병 치료로 이어졌을 때 또다시 글리벡과 같은 경우가 발생할 가능성이 큽니다. 과연 난치병 환자 중에서 얼마나 이 줄기세포 연구의 혜택을 볼 수 있을까요? 또 부자만 그 줄기세포 연구의 혜택을 보게 되는 건 아닐까요? 환히 웃는 황 박사의 모습을 보면서 이런 걱정부터 들어서 씁쓸하더군요."

만성 골수성 백혈병 환자가 살 수 있는 길은 본인에게 적합한 골수를 이식받는 것입니다. 그러나 완벽한 골수 이식은 드라마에서나 볼 수 있는 일입니다. 우선 본인에게 맞는 골수를 찾는 일이 쉽지 않습니다. 가족 중에 적합한 사람이 없으면 사실상 포기하는 것이 현실입니다. 설사 가족으로부터 골수 이식을 받는다고 해도, 다 살 수 있는 것은 아닙니다. 적합하다고 판정받은 골수를 이식받고도 생명을 잃는 경우가 허다합니다.

실제로 골수 이식을 받은 환자의 50퍼센트는 목숨을 잃습니다. 바로 면역 거부 반응 탓입니다. 아무리 현대 의학이 이식에 적합한 골수라고 판단해도 몸은 이식한 골수가 내 것이 아님을 잘 알고 있는 것이지요. 설사 생명을 잃지 않더라도 여러 가지 면역 거부 반응으로 인한 부작용 탓에 시력을 잃는 것과 같은 장애를 감수해야 합니다. 앞에서 이야기를 한 분도 부작용으로 인해 한쪽 눈의 시력을 잃었습니다.

이런 사정 때문에 스위스의 초국적 기업 노바티스가 정상 세포는 그대로 둔 채 암세포만 골라서 공격하는 최초의 '표적 항암제'를 개발했을 때, 만성 골수성 백혈병 환자들은 환호성을 질렀습니다. 하지만 이 글리벡이 국내에 처음 소개되자, 많은 백혈병 환자들은 절망해야 했습니다. 글리벡 한 알의 값은 2만 3,000원. 하루에 6~8알을 먹어야 하는 환자의 경우 한 달에 500만 원, 1년이면 6,000만 원.

2억 원짜리 집을 팔아도 3년밖에 버티지 못하는 비싼 약값을 감당할 수 있는 백혈병 환자가 과연 몇 명이나 되겠습니까?

다행히 지금은 백혈병 환자가 부담해야 할 글리벡 약값은 거의 없습니다. 물론 이 결과를 얻기 위해서 백혈병 환자들은 목숨을 걸고 정부와 노바티스에 항의해야 했습니다. 설사 줄기세포 연구가 질병 치료로 이어지더라도, 그 열매를 가난한 난치병 환자와 공유할 수 있을지 의심이 드는 것은 이런 사정 탓입니다.

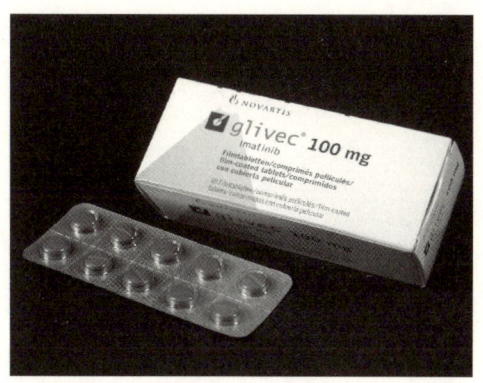

글리벡 :
기적의 항암제로 각광을 받는 골수성 백혈병 치료제 글리벡(위)과 비싼 약값을 부담할 수 없는 백혈병 환자들이 정부와 다국적 제약회사를 상대로 농성 중이라는 기사(아래).

세상에 정상인은 없습니다

그럼 장애인의 경우에는 어떨까요? 더 당혹스러웠던 것은 20대 초반에 행글라이딩을 하다 추락하는 바람에 20여 년 이상 하반신을 쓰지 못하는 어느 1급 장애인의 다음과 같은 지적이었습니다. 장애인이 되고 나서 절망감에 빠져 몇 년간 집 밖으로 한 걸음도 안 나갔던 그가, 지금은 장애인도 일반인과 똑같이 생활할 수 있는 사회를 만들기 위해 활발하게 노력하고 있습니다.

"황우석 교수와 그 동료의 이번 연구는 반가운 일입니다. 그러나 나는 씁쓸합니다. 황우석 박사가 가수 강원래 씨 같은 분을 염두에 두면서 장애인을 걷게 만들겠다고 말할 때마다, 많은 장애인들은 희망에 부풀면서도 한편으로는 가슴이 미어집니다. 왜냐하면 '나는 어떻게든지 정상인이 되어야 할 비정상인이구나' 하는 생각이 더 심해지니까요.

누구나 병에 걸릴 수 있듯이 누구나 장애인이 될 수 있습니다. 모든 사람은 잠재적 장애인입니다. 그런데 우리 사회는 유독 장애인에 대한 편견이 심합니다. 황우석 박사는 순수한 선의로 '하반신이 마비된 장애인을 다시 걷게 해주겠다'고 공언했을 테지만, 오히려 장애인에 대한 편견이 심화되는 게 아닌지 걱정됩니다.

황우석 박사의 연구도 중요하지만, 그 연구결과가 나오기 전까지는 장애인도 정상인과 어울려 생활할 수 있는 여러 가지 장치를 마련해야 하지 않을까요? 지금도 장애인은 밖에 나와 돌아다니고 싶어도 버스나 지하철 등의 대중교통 수단을 이용할 수 없어서 집에만 갇혀 있어야 합니다. 다행히 최근에 장애인이 이동할 수 있는 권리에 대한 관심이 커지기는 했습니다만, 여전히 한국 사회에서 장애인은 정상인의 도움을 기다려야 하는 그런 존재로 비치고 있습니다. 바로 이런 점들이 잊혀지는 것 같아 씁쓸한 기분입니다."

그렇습니다. 장애인이 꿈꾸는 것은 정상인이 되는 것일 수도 있습니다. 그러나 더 중요한 것은 장애인도 차별 없이, 편견 없이 같이 어울리는 사회를 만드는 것 아닐까요? 그런 면에서 한국 사회는 유독 장애인에 대한 차별과 편견이 많이 남아 있는 사회입니다. 장애인을 '치료(?)' 하겠다며 줄기세포를 연구하는 과학자의 공언이 오히려 '장애인─정상인'의 이분법만 더 강화하고 있는 게 아닐까요? 세상에 '정상인'은 없습니다. 단지 '비(非)장애인'이 있을 뿐이지요.

장애인의 날:
매년 4월 20일은 장애인의 날. 장애인이 꿈꾸는 것은 차별 없는 세상, 편견 없는 세상이다.

■ **한 걸음 더 : 어느 연쇄 난자 기증자의 고백**

미국에서는 난자 매매가 공공연하게 이뤄지고 있습니다. 미국의 대학에서는 심지어 성적과 외모 등을 조건으로 내걸고 수천 달러(수백만 원)에 난자를 팔 것을 종용하는 광고도 많이 볼 수 있습니다. 2004년, 한 미국 여성은 이런 분위기에 경종을 울리는 책 한 권을 출간했습니다. 제목부터 무시무시합니다. 『연쇄 난자 기증자의 고백』.

이 책을 쓴 줄리아 데렉(Julia Derek)은 스물네 살 때부터 난자를 팔아 학비와 생활비를 충당해왔습니다. 스웨덴에서 미국 워싱턴으로 유학온 데렉은 1996년에 궁여지책으로 자신의 난자를 3,500달러(약 350만 원)에 팝니다. 그의 이런 거래는 결국 4년간 12번이나 계속되었습니다. 결국 그는 난자 채취 후유증으로 심각한 정신적·육체적 고통을 떠안게 됐습니다. 그는 이렇게 고백합니다.

"만약 내가 난자 채취 탓에 심각한 정신적·육체적 문제를 겪을 것이라는 사실을 알았다면 절대로 이런 일을 하지 않았을 것이다. 난자를 채취하려면 호르몬을 투여받아야 할 뿐만 아니라, 마취 상태에서 굉장히 긴 바늘이 질 속으로 들어와야 한다. 이 복잡한 과정 후 당신이 겪어야 할 위험은 상상을 초월한다. 과학자는 난자 채취가 여성에게 미치는 위험에 대해서 더 많은 연구를 해야 한다."

이런 데렉의 고백은 여러 가지를 생각하게 합니다. 난자를 마치 상품처럼 값을 매겨 판매하는 것에 대해서 사회적 토론이 필요하다는 것이지요. 한국에서는 난자 매매가 법으로 금지되어 있지만, 불임 치료와 연구 목적으로 난자에 대한 수요는 계속 늘고 있습니다. 만약 본격적으로 난자 매매를 허용하면 결국 난자 공급은 데렉처럼 가난한 여성의 몫으로 돌아갈 가능성이 매우 높습니다. 가난한 여성이 '난자 창고'가 되는 시대, 결코 우리가 꿈꾸는 미래는 아닙니다.

:: 깊이 읽기

『파우스트의 선택: 생명공학의 위험과 비윤리성』, 박병상 지음, 녹색평론사, 2004.
『생명의료윤리』, 구영모·구인회·권영근·박병상·엄영란·임종식·최경희·피터 싱어·황경식 지음, 동녘, 2004.

환자들이 인도 대사관 앞에서 시위한 이유

이미 과학기술 발전의 혜택을 누가 누릴지 결정할 수 있는 권한의 상당 부분은 소수의 기업과 일부 선진국이 독점하고 있습니다. 그 유용한 도구가 바로 특허 제도이고요. 기업으로부터 힘없는 발명가의 권리를 보호하기 위해 도입됐던 특허 제도가 바로 그 힘센 기업의 이익을 보장해주는 도구가 된 게 아이러니라고나 할까요?

지난 2005년 2월에 주한 인도 대사관 앞에서 시민단체 회원들과 환자들이 모여 시위를 벌였습니다. 일본 대사관도 아니고 인도 대사관 앞이라니, 더구나 환자들까지 낀 시위라니, 왠지 예사롭지 않아 보이지요? 더구나 그들의 요구 사항을 들어보면 고개가 더 갸우뚱해집니다. "인도 정부는 특허법 개정을 철회하라!"

다름 아니라 인도 정부는 2004년 12월 26일에 '물질 특허 제도'라는 것을 도입하기로 했습니다. 이 제도는 새로운 화학·의학 물질에 대해서도 특허를 인정하기로 한 것입니다. 한국은 이미 1987년에 이 제도를 도입했으니, 인도는 무려 20년이나 그 도입이 늦은 셈입니다. 이렇게 한국도 20년 전에 도입한 제도가, 도대체 무엇이 문제이기에 시민단체 회원들뿐만 아니라 환자들까지 나서서 이래라저래라 하는 것일까요?

돈 없는 사람의 천사, 복제약의 천국 인도

앞에서 많은 환자들이 비싼 가격 탓에 만성 골수성 백혈병 환자의 생명을 연장시킬 수 있는 글리벡이라는 약을 구하지 못해 발을 동동 굴러야 했던 안타까운 사연을 소개했습니다. 당시 궁지에 몰린 한국의 백혈병 환자들은 인도로부터 글리벡의 복제약 '비낫(Veenat)'을 글리벡 가격의 10분의 1도 채 안 되는 가격(한 알당 2달러)에 수입하는 것을 추진했답니다.

비낫은 글리벡을 그대로 본떠 만든 약입니다. 원래 약의 성분을 분석해 똑같은 효능을 갖도록 만드는 복제약을 보통 '제네릭(Generic)'이라고 부르는데요, 비낫 역시 약효가 글리벡에 버금갈 뿐 아니라 부작용도 거의 없다고 합니다. 백혈병 환자 입장에서는 정말 반가운 소식이지요.

인도에서는 어떻게 이런 일이 가능했을까요? 바로 최근까지 인도에 '물질 특허 제도'가 없었기 때문입니다. 즉, 인도에서는 글리벡의 성분을 분석해 똑같은 약을 만들어 판매해도 법적으로는 아무 문제 될 게 없습니다. 인도의 제약회사는 이미 에이즈 치료약을 이런 식으로 공급한 전례가 있습니다.

그럼 한국과 같은 다른 나라는 사정이 어떨까요? 물질 특허 제도가 있는 나라에서는 노바티스처럼 새로운 약을 개발한 제약회사가 20년 동안 배타적 독점권을 인정받습니다. 그 기간 안에 글리벡의 복제약을 팔면 당장 거액의 손해배상청구소송을 각오해야 합니다. 이런 제도 탓에 노바티스처럼 새로운 약에 대한 특허를 보유하고 있는 제약회사는 어마어마한 돈을 벌어들이죠.

이제 인도 대사관 앞에서 시민단체 회원과 환자들이 시위를 벌인

이유를 알겠지요? 물질 특허 제도가 도입
되면 인도에서 더 이상 복제약을 생산할
수 없게 됩니다. 새로 도입된 제도는 글리
벡을 만든 노바티스 같은 거대 제약회사
에는 희소식이겠지만, 높은 가격 때문에
글리벡을 살 형편이 못 되는 인도를 비롯
한 세계 각지의 돈 없는 서민에게는 재앙
과도 같은 소식입니다.

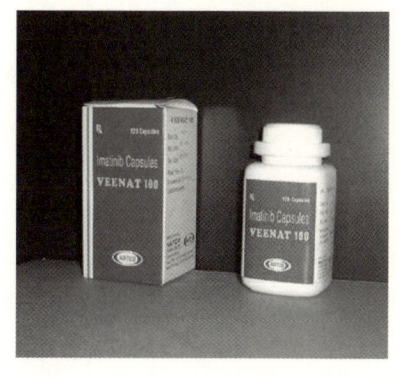

비낫 :
인도의 제약회사 나코(Natco)에서 만든 글리벡의 복제약.

특허권, 힘센 나라와 회사를 위한 권리?

물론 노바티스와 같은 제약회사 입장에서는 불만이 있을 수밖에 없습
니다. 글리벡을 개발하는 데 10여 년에 걸쳐 수백 명의 연구원이 혼신
의 힘을 다했고, 총 개발비만 1조 원 정도가 들었다고 하니까요. 노바
티스 입장에서는 '20년 정도 독점권을 갖는 게 당연하지' 라고 생각할
만합니다. 그러나 여기에 대한 반론도 만만치 않습니다.

　노바티스는 글리벡을 시판한 지 불과 1년 8개월 만에 1조 500억 원
어치를 팔았습니다. 10여 년에 걸친 개발비를 불과 몇 년 만에 고스란
히 환수했을 뿐만 아니라 엄청난 이익까지 남긴 것이지요. 이 때문에
노바티스는 약을 계속 복용해야 하는 백혈병 환자의 입장은 전혀 배려
하지 않은 채 폭리를 취해왔다는 비판을, 한국을 비롯한 세계 곳곳에서
받아왔습니다.

　글리벡뿐만이 아닙니다. 2003년 특허가 만료된 약 중에 '노바스크'

라는 고혈압 치료제가 있습니다. 20년의 특허가 만료되자마자 이 노바스크의 복제약이 쏟아져 나왔습니다. 현재 이 약의 국내 시장 점유율은 66.5퍼센트 수준으로 떨어졌고, 복제약을 생산·판매하는 국내 제약회사는 연간 400억 원의 이익을 올리고 있습니다.

한번 계산해보세요. 노바스크의 특허권을 가진 제약회사 화이자는 국내에서만 해마다 약 1,000억 원의 돈을 벌어들인 셈입니다. 더구나 노바티스, 화이자와 같은 거대 제약회사는 독점권을 갖는 20년의 기간도 짧다고 우기며, 틈만 나면 그 기간을 연장해줄 것을 요구하고 있습니다. 물론 그 뒤에는 이들 기업의 본국이라고 할 수 있는 미국과 같은 선진국이 버티고 있고요.

이미 미국은 한국과 같이 힘이 약한 나라의 정부가 약값을 마음대로 통제하지 못하도록 압력을 가하고 있습니다. 2006년 보건복지부가 약값을 내리려고 하자 미국 정부가 나서서 제동을 걸었던 것이 단적인 예라고 할 수 있지요. 이런 상황에서 특허권까지 강화하면 새로운 약을 많이 보유하고 있는 미국의 제약회사가 벌어들이는 이익은 훨씬 더 늘어날 것입니다.

인류 위협하는 특허 제도

남보다 훨씬 더 노력해서 새로운 약을 개발한 것에 대해 정당한 대접을 해주는 게 당연하다고요? 곰곰이 한번 생각해봅시다. 일부 기업의 이익을 위해서 아프리카의 가난한 에이즈 환자들이 그냥 죽기만을 기다리도록 내버려두는 게 과연 맞는 걸까요? 현재 날마다 1만 명이 에이즈

기업으로부터 힘없는 발명가의 권리를 보호하기 위해 도입됐던 특허 제도가 바로 그 힘센 기업의 이익을 보장해주는 도구가 된 게 아이러니라고나 할까요?

로 인해 죽어갑니다. 가까운 중국의 에이즈 환자는 보유자까지 감안하면 최소한 100만 명 수준으로 알려져 있습니다. 이들도 그냥 죽도록 내버려둬야 할까요?

에이즈 환자의 생명을 연장하는 약은 이미 나와 있습니다. 약이 없어서가 아니라 제약회사가 약값을 터무니없이 높게 책정하고 있기 때문에 생계를 유지하기도 어려운 대다수 에이즈 환자들이 그냥 죽을 날만 기다리는 것입니다. 수많은 사람의 생명을 좌지우지할 수 있는 물질을 특정 기업이나 국가가 독점하도록 하는 현재의 특허 제도 아래에서는 이런 일은 앞으로도 얼마든지 생길 수 있습니다.

예를 하나 더 들어보지요. 2006년에는 이런 일도 있었습니다. '조류 인플루엔자'가 확산되면서 현재까지 조류 인플루엔자의 증상을 완화해주는 유일한 약 '타미플루'에 대한 관심이 높아졌습니다. 그러나 이 약 역시 거대 제약회사 로슈가 특허권을 갖고 있습니다. 만약 조류 인플루엔자가 전 세계로 급속히 확산됐을 때도 로슈가 특허권을 계속 고집한다면 인류에게는 어떤 재앙이 닥칠까요? 당장 한반도의 북쪽에 조류 인플루엔자가 확산된다면 남쪽은 과연 무사할까요?

최근에는 더 우려스러운 상황으로까지 진행되고 있습니다. 미국과 같은 나라는 특정 수술 방법과 같은 인간의 치료 방법에 대해서도 특허권을 인정하고 있습니다. 세계적인 의료 서비스를 자랑하는 미국 입장에서는 치료 방법에 대한 특허권을 많이 보장할수록 이익이 되기 때문입니다. 치료 방법에 대한 특허권은 '코에 걸면 코걸이 귀에 걸면 귀걸이' 식이 대부분이라서 큰 비판을 받고 있지만, 미국은 전혀 개의치 않습니다.

이런 흐름에 대응해 세계 곳곳에서 특허권에 대한 저항이 시작되고 있습니다. 우선 '시민의 건강권이 제약회사의 특허권보다 더 중요하다'는 인

식이 힘을 얻고 있습니다. 세계 각국
이 의약품에 대해서 '강제 실시'의 권
리를 보장하는 것도 이런 인식 때문입
니다. 공공의 이익을 위해 널리 쓰여
야 한다고 판단되는 발명과 발견의 경
우 정부가 나서서 특허권의 제약을 벗
어던질 수 있도록 한 것입니다.

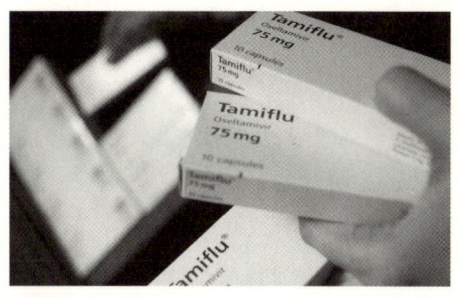

타미플루 :
스위스의 다국적 제약회사 로슈가 특허권을 갖고 독점 생산하는 조류
독감 치료제.

만약 한반도에 조류 인플루엔자가 널리 퍼지는데도 로슈가 타미플
루를 제때, 충분한 양만큼 공급하지 못한다면 정부는 국내 제약회사들
이 타미플루의 복제약을 생산할 수 있도록 보장할 수 있습니다. 그러나
대부분의 정부는 이런 강제 실시의 권리를 제대로 행사하지 못하고 있
습니다. 바로 거대 제약회사와 그 뒤를 봐주고 있는 미국과 같은 힘센
나라 때문입니다.

우리의 미래를 건 한판 싸움

이미 과학기술 발전의 혜택을 누가 누릴지 결정할 수 있는 권한의 상당
부분은 소수의 기업과 일부 선진국이 독점하고 있습니다. 그 유용한 도
구가 바로 특허 제도이고요. 기업으로부터 힘없는 발명가의 권리를 보
호하기 위해 도입됐던 특허 제도가 바로 그 힘센 기업의 이익을 보장해
주는 도구가 된 게 아이러니라고나 할까요?

지금 우리의 미래를 건 한판 싸움이 특허권을 둘러싸고 벌어지고
있습니다. 지금 이 순간에도 세계 곳곳에서 다윗들이 골리앗을 향해 돌

멩이를 던지고 있습니다. 2005년 겨울, 인도 대사관 앞에서 있었던 환자들의 시위 역시 이런 저항 중의 하나였습니다. 자, 여러분은 누구 편에 설 생각입니까?

■ 한 걸음 더 : 인체 시장?

로리 앤드루스(Lori B. Andrews)와 도로시 넬킨(Dorothy Nelkin)은 『인체 시장』이라는 책을 통해 특허를 매개로 사람의 몸이 '인체 시장'에서 팔리고 있는 현실을 생생히 고발하고 있습니다. 여기, 자기도 모르게 특허번호 4438032번이 된 한 남자가 있습니다. 백혈병에 걸린 이 남자는 캘리포니아 대학에서 치료를 받습니다. 그러나 치료 후에도 무슨 일인지 의사들은 7년간이나 계속 그를 호출합니다. 알고 봤더니 의사들은 그의 건강이 아니라 그의 몸에서 발견된 특이한 화학물질에 관심이 있었습니다.

결국 본인도 모르게 그의 몸에서 발견된 화학물질은 특허 등록이 됐고, 그 의사들은 스위스의 제약회사 산도즈(Sandoz)로부터 이 화학물질의 대가로 1,500만 달러(약 150억 원)를 받습니다. 나중에 이 사실을 안 그는 의사를 부정 의료 및 절도 혐의로 고소하면서 이렇게 절규했습니다. "그들은 나를 생물학적 물질을 추출할 수 있는 광맥으로 바라보고 있습니다. 나는 그들의 수확물인 것입니다." 세상은 이렇게 돌아가고 있습니다.

:: 깊이 읽기

『인체 시장: 생명공학시대 인체조직의 상품화를 파헤친다』, 로리 앤드루스 · 도로시 넬킨 지음, 김명진 · 김병수 옮김, 궁리, 2006.

줄기세포 공동 연구보다 더 중요한 것

우습게도 최근 남한에서도 한동안 보이지 않던 결핵 환자가 다시 늘어나고 있다고 합니다.
그러나 결핵을 치료하는 데 꼭 필요한 의약품을 제약회사들이 이익이 남지 않는다는 이유로
생산하지 않고 있습니다. 의사들이 처방을 하려고 해도 약이 없어서
처방하지 못하는 사정은 남한 역시 북한과 다르지 않습니다.

한국의 줄기세포 연구가 세계적으로 주목을 받고 있을 때, 통일부 장관이 북한에 줄기세포 공동 연구를 제안한 적이 있습니다. 과학기술 활동이 남북 평화에 어떻게 기여할 수 있을지 고민한 것 자체는 반가웠습니다. 그러나 줄기세포 공동 연구의 소식을 듣고 '이건 아닌데……' 하는 생각이 들었어요. 이 소식을 듣자마자 2005년 6월, 평양을 다녀온 기억이 떠올랐기 때문입니다.

그때 평양을 방문한 이유는 새로 지은 수액 공장을 둘러보기 위해서였습니다. 수액은 환자의 치료에 꼭 필요한 생리 식염수, 5퍼센트 포도당액 등을 말합니다. 북한은 이 필수 의약품조차도 굉장히 부족한 상황입니다. 이런 사정을 안 남한의 시민단체가 2년 넘도록 지원한 결과로 마침내 공장을 준공하게 된 것이지요. 개인적으로는 말로만 듣던 북한의 보건의료 상황을 직접 확인할 수 있는 기회였습니다. 이제, 그 이야기를 나눠보려고 합니다.

205

북한 최고 병원의 열악한 현실

평양에 도착한 지 사흘째 되는 날 오전, 한 마흔 명 정도만 따로 모여서 '평양 적십자 병원' 으로 향했습니다. 북한은 모든 보건의료 서비스가 나라에서 운영하는 병원과 보건소에서 이뤄집니다. 적십자 병원은 그 중에서도 최고 병원이라고 합니다. 다른 병원과 보건소에서 치료하지 못하는 중증·난치성 질환을 앓는 환자들이 최종적으로 이 병원으로 옮겨져 치료를 받는 것이지요.

실제로 그 규모는 굉장하더군요. 본관 한 동을 중심으로 넓은 부지에 건물 열 동이 모여 있었으니까요. 북한에서 내내 동행한 북한 소설을 연구하는 분이 귀뜸해줘서 안 것이지만, 이 본관 건물은 1940년대 후반 소련의 지원으로 건설된 것입니다. 실제로 당시 북한 소설을 보면 이 적십자 병원을 무대로 한 여러 가지 흥미로운 이야기들이 많다고 합니다. 이 병원에는 북한의 현대사가 고스란히 새겨져 있는 것이지요.

남한 같으면 이런 낡은 건물은 허물고 새 건물을 지었을 텐데 북한은 그렇게 하지 않고 그곳을 여전히 본관으로 사용하고 있었습니다. 이것은 평양 시내 역시 마찬가지였습니다. 예상과는 다르게 평양은 해방 이후 모습 그대로 구 시가지를 보존하고 있더군요. 대신 그 외곽에다 새로 도심을 마련하는 방식으로 개발을 한 게 남한과 대조적이었습니다. 서울의 경우에는 사대문 안이라도 50여 년 전의 흔적을 찾아볼 수 없으니까요.

하지만 적십자 병원의 현실은 가슴이 아프지 않을 수 없었습니다. 북한의 보건의료 상황이 아주 열악하다는 것은 익히 들어 알고 있었습니다만……. 북한 최고의 병원을 둘러보면서 계속 새어나오는 한숨을 참아야 했습니다. 본관 뒤편 세 동의 건물은 2004년 10월에 불이 나 실내가 대부분 타버렸지만, 1년이 넘도록 복구를 하지 못해 방치해둔 상태였습니다. 그 건물이 1960년대 소련의 원조로 지어져 골격이 튼튼하지 않았더라면 아마도 무너져 내렸을 것입니다.

이뿐만이 아닙니다. 자존심 때문에 적십자 병원 관계자는 답변을 피했지만, 환자에게 공급해야 할 필수 의약품도 부족한 상황이었습니다. 각종 보건의료 기기 역시 낙후했고요. 심지어 식수 공급이 제대로 이루어지지 않아 이 역시 남한 시민단체의 지원으로 우물을 파야 할 정도였으니 더 말할 필요가 없지요. 적십자 병원의 상황이 이 정도니 평양의 다른 병원이나 지방의 병원·보건소의 현실은 안 봐도 훤하지요.

같이 적십자 병원을 둘러본 남한의 한 의사는 이렇게 말했습니다. "마치 1960년대 병원을 보는 것 같네요. 북한이 계속 적십자 병원 현대화를 위해서 남한의 많은 도움을 바라왔는데, 그 이유를 알 것 같아요. 적십자 병원이 이러니 다른 병원은 형편이 더욱 안 좋을 텐데……." 그만큼 북한의 사정은 절박해 보였습니다.

수액 공장에서 새로운 희망을 보다

적십자 병원의 열악한 현실 탓에 다소 무거워진 마음을 안고 새로 준공한 수액 공장을 찾았습니다. 북한 최초의 현대식 의약품 제조 공장인 이곳의 설비는 전부 다 남한에서 제공한 것입니다. 물론 공장에서 근무하는 연구자와 직원의 교육도 남쪽에서 담당했고요. 그 때문에 이곳의 시설은 남한의 여느 수액 공장과 비교해도 전혀 뒤지지 않습니다. 물론

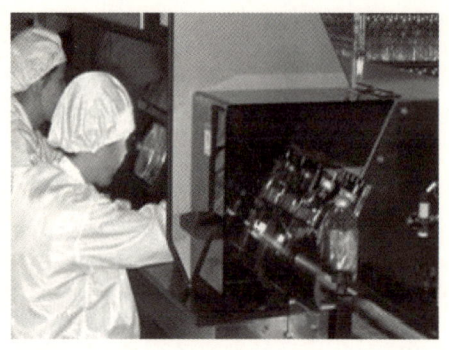

수액 공장 :
남북한이 합작한 평양 정성수액공장이 2005년에 준공식을 갖고 수액제 대량 생산을 시작했다.

이 정도의 공장이 '최초'라는 것 자체가 북한의 낙후한 보건의료 현실을 말해주는 것이지만요.

실제로 수액 공장 곳곳에서 이런 북한의 사정을 짐작할 만한 여러 가지 것들이 눈에 띄었습니다. 이 공장에서 지금 대량 생산을 꾀하고 있는 상당수 의약품은 이미 남쪽에서는 1980년대 중반 정도까지 생산되다 채산성이 맞지 않는다는 이유로 더 이상 생산하지 않는 것들입니다. 단순히 비교해도 북한의 의약 산업은 남한과 비교했을 때 최소한 20~30년 정도 뒤져 있는 것으로 보였습니다.

북한은 계속되는 식량 위기로 1960년대 이후 감소하던 결핵 환자가 최근 다시 급속히 늘고 있는 추세입니다. 특히 지방으로 갈수록 그 수는 더욱 많아지는데, 변변한 치료약이 없어서 목숨을 잃는 경우가 많다고 합니다. 북한 환자는 남한 환자와 달리 항생제 내성도 없어서 수십 년 전에 개발된 기본적인 결핵 치료약으로도 충분하다는데, 정작 그런 약도 생산할 여건이 안 되어 있는 것이지요.

그러나 계속 이렇게 방치할 수만은 없지요. 이 수액 공장은 또 다른 '희망'을 예고하기도 했습니다. 우습게도 최근 남한에서도 한동안 보이지 않던 결핵 환자가 다시 늘어나고 있다고 합니다. 그러나 결핵을 치료하는 데 꼭 필요한 의약품을, 제약회사들이 이익이 남지 않는다는 이유로 생산하지 않고 있습니다. 의사들이 처방을 하려고 해도 약이 없어서 처방하지 못하는 사정은 남한 역시 북한과 다르지 않습니다.

그렇다면 결핵 치료약을 생산하는 공장을 남한의 지원으로 북한에 지으면 어떨까요? 북한에 그 약을 대량으로 생산할 수 있는 시설을 갖추면 북한 환자에게도 큰 도움이 될 테고, 그중 남한에서 필요한 만큼 수입하면 자연스럽게 경제 협력도 이루어질 것입니다. 이런 생각은 남한의 지원으로 지은 수액 공장을 보면서 더욱더 확고해졌습니다. 사실 수액 역시 사정이 마찬가지거든요.

남한에서는 제약회사들이 이익이 안 남는다는 이유로 갈수록 수액 생산을 기피하고 있습니다. 좀더 중·장기적으로 보면 수액 역시 결핵 치료제처럼 북한에서 생산해, 필요한 만큼 남한에서 수입하는 게 가능하지요. 북한의 보건의료 산업의 질을 높이는 한편, 남북한 환자들 모두에게 도움을 줄 수 있는 길이 가능한 것입니다. 바로 수액 공장은 그 희망을 예고하고 있습니다.

줄기세포 연구보다 더 필요한 것

이런 상황을 염두에 두면 통일부 장관이 북한에 줄기세포 공동 연구를 제안한 것은 솔직히 너무 순진했습니다. 당장 꼭 필요한 의약품이 없어서 허덕대는 북한 의료계 입장에 서보세요. 언제 질병 치료로 이어질지 모르는 줄기세포의 공동 연구 제안을 받았을 때, 북한의 사정을 헤아려주지 않는 남한 사람이 얼마나 야속했겠어요. 자, 그럼 어떤 식으로 과학기술 활동이 남북 평화에 기여할 수 있을까요?

이런 방법을 한번 생각해보았습니다. 과학기술에 관심 있는 북한의 학생이 남한에서 공부할 수 있도록 하는 것입니다. 지금도 남한의 학생들이 이공계 진학을 기피하는 바람에 많은 대학에서 동남아시아의 재능 있는 학생을 유치하고 있습니다. 이처럼 북한의 능력 있는 학생이 남한에 와서 공부한다면 이보다 더 직접적인 남북 과학기술 교류가 또 어디 있겠습니까? 남북의 학생이 밤늦게까지 불을 켜고 실험실에서 같이 하는 모습, 생각만 해도 흐뭇합니다.

정부 입장에서도 이렇게 북한 학생을 지원하는 게 여러모로 이득입니다. 똑같은 비용을 들여 남북 교류, 이공계 살리기, 대학 지원이라는 세 마리 토끼를 한꺼번에 잡을 수 있으니까요. 개인적으로 북한의 환경을 파괴하면서 금강산에 골프장을 짓는 것보다 이 편이 훨씬 더 남북 평화에 기여할 수 있는 활동이라고 생각합니다. 물론 이런 제안이 현실이 되기 위해서라도 남북은 훨씬 더 가까워져야 하고요.

■ 한 걸음 더 : 북한도 점령한 마이크로소프트(MS)?

북한에는 세계 곳곳에서 볼 수 있는 미국 자본주의를 상징하는 기업, 예를 들면 맥도날드, 코카콜라, 스타벅스를 찾아볼 수 없습니다. 틈만 나면 사생결단으로 미국과 으르렁대는 상황에서, 이런 기업을 평양 시내에서 볼 수 있다면 정말 우습겠지요. 그러나 북한도 막지 못한 기업이 한 곳 있습니다. 바로 마이크로소프트(MS)가 그 기업입니다. 당혹스러웠던 경험 하나를 들려드릴게요.

계속 시간을 같이 보내면서 친해진 북한의 친구에게 물었어요. "북한에서는 워드프로세서 소프트웨어는 뭘 써요?" 대답이 정말 가관입니다. "당연히 'MS워드'를 쓰지요. 강 기자는 그럼 다른 걸 쓰나요."

이야기를 들어보니 북한의 컴퓨터는 마이크로소프트에 점령당한 상태였습니다. MS워드뿐만 아니라 '엑셀', '파워포인트' 등이 북한에서 쓰이는 일상적인 소프트웨어입니다. 기분이 참 묘했다고나 할까요?

참, 북한에서도 인터넷이 가능합니다. 인터넷에 접근할 수 있는 친구들의 경우에는 종종 남한의 '네이버'나 '다음' 같은 포털 사이트도 방문하는 것 같더라고요. 남한에서는 북한에서 운영하는 인터넷 사이트는 방문하지 못하도록 막고 있는데, 북한에서는 은밀히 남한의 사이트를 방문하는 이들이 꽤 있는 모양입니다. 어떻게 그런 일이 가능하냐고요? 글쎄요. 아무리 졸라도 그 방법은 가르쳐주지 않더군요.

:: 깊이 읽기

「사진과 그림으로 보는 북한 현대사」, 김성보·기광서·이신철 지음, 웅진지식하우스, 2004.

과학기술, 참여하면 사랑한다

농민들은 과학자들이 이야기하는 토양에 대한 과학 지식은 이해하지 못했습니다.
대신 오랜 경험을 통해 이런 생각을 할 수는 있었지요.
"이른바 '전문가' 라고 하는 사람들도 틀릴 수 있어. 더구나 잘난 사람들은 꼭 자신이 틀렸다는
사실을 쉽게 인정하지 않는다고." 아니나 다를까, 과학자들이 바로 꼭 그런 식이었습니다.

앞에서 칼 세이건이라는 과학자 이야기를 잠시 꺼낸 적이 있습니다. 그는 평생을 대중에게 과학기술과 관련된 지식을 쉽게 알리기 위해 노력해온 사람입니다. 그러나 그는 1996년 세상을 뜰 때까지 자신의 이런 노력이 결국 실패로 끝난 사실에 안타까움을 느끼곤 했습니다. 심지어 자신을 비롯한 많은 과학기술자의 노력에도 대중이 '사이비 과학' 이나 '반(反)과학' 에 더 귀를 기울이는 현실을 '악령이 출몰하는 세상' 이라고까지 표현하며 한탄하기도 했어요.

이렇게 안타까워하는 세이건을 염두에 두면서 다음 이야기를 들어보세요. 오늘날 과학기술의 중요성을 깨닫지 못하는 사람은 거의 없습니다. 그러나 특이한 사실이 한 가지 있어요. 영화 속에 등장하는 과학기술의 이미지는 어떻습니까? 영화 속에서 인류는 과학기술의 발달로 행복해지기는커녕 오히려 불행해지는 일이 많습니다. 이렇게 불행을 가져다주는 데는 사악하고 미친 과학기술자의 역할이 크지요. 이런 영화 속의 과학기술 이미지는 계속 반복되고 있습니다.

단순히 영화 속 설정이라고 무시하고 넘어가기에는 이상한 일이 아

닐 수 없습니다. 많은 사람들이 과학기술의 발전이 가져다주는 혜택을 누리고 있는데도, 정작 과학기술 시대의 미래를 비관하는 영화가 더 많이 등장하고 있으니까요. 아무래도 사람들은 과학기술의 발전에 대한 기대와 불안을 동시에 안고 있는 듯합니다. 그렇다면 어떻게 과학기술과 대중이 행복하게 만날 수 있을까요?

농민, 과학자를 비웃다

이제 시간을 20년 전으로 돌려봅시다. 1986년 러시아의 체르노빌 원자력 발전소 폭발 사고가 일어난 후 영국 서부의 컴브리아 지역에서 있었던 일입니다. 사고 현장에서 나온 방사능에 오염된 물질은 멀리 영국에까지 영향을 미쳤습니다. 오염 물질이 비에 섞여 이 지역의 토양을 오염시킨 것입니다. 이 지역에서 양을 방목해 길러 파는 것으로 생계를 유지해온 농민들은 졸지에 양을 팔지도, 도살하지도 못하는 처지에 놓였습니다.

　일단 과학자들은 토양 속에서 오염 물질이 어떻게 이동할지를 따져본 뒤 3주 동안 양의 판매와 도살을 금지할 것을 정부에 건의했습니다. 그러나 정작 3주가 지난 후에도 토양의 방사능 수준은 여전히 높았습니다. 결국 정부는 토양의 방사능 수준이 떨어질 때까지 양의 판매와 도살을 금지시켰고, 농민들은 결국 생계에 큰 타격을 입었습니다. 농민들은 계속 과학자들의 예측에 의문을 제기했지만, 과학자들은 듣는 척도 안 하고 큰소리만 쳤습니다.

　2년이 지난 후, 상황은 전혀 다르게 전개되었습니다. 과학자들의 애

체르노빌:
원전사고로 인해 폐허가 된 당시 모습(위)과 20년이 지난 지금
의 모습(아래).

초 예측이 엉터리였다는 사실이 밝혀진
것입니다. 과학자들은 오염 물질이 어
떻게 이동할지를 예측하는 과정에서 컴
브리아 지역의 토양 성질을 고려하지
않았습니다. 토양의 성질이 다르면 오
염 물질이 잔류하는 기간이 차이가 날
수 있다는 사실을 놓친 것이지요. 이 일
을 계기로 과학자에 대한 농민의 신뢰
는 땅에 떨어졌습니다.

이 이야기는 여러 가지 생각할 거리
를 던져줍니다. 우선 과학자들이 갖고
있던 토양에 대한 지식은 컴브리아 지
역의 오염 물질의 이동 경로를 예측하
는 데는 아무 쓸모가 없었습니다. 과학
활동에 필요한 훈련을 받은 과학자들보다 오히려 일상생활에서 습득
한 농민의 지식이 훨씬 더 쓸모 있다는 것이 나중에 입증되었지요. 만
약 과학자들이 경험에 기반을 둔 농민의 의견을 경청했더라면, 이런 잘
못된 예측을 피할 수 있었을 것입니다.

농민이 과학자의 예측이 틀릴 수 있음을 지적했던 것도 의미심장합
니다. 그들은 과학자들이 이야기하는 토양에 대한 과학 지식은 이해하
지 못했습니다. 대신 오랜 경험을 통해 이런 생각을 할 수는 있었지요.
"이른바 '전문가'라고 하는 사람들도 틀릴 수 있어. 더구나 잘난 사람
들은 꼭 자신이 틀렸다는 사실을 쉽게 인정하지 않는다고." 아니나 다
를까, 과학자들이 바로 꼭 그런 식이었습니다.

삶의 지혜

다음 이야기는 어떤가요? 캐나다의 뉴펀들랜드 해안은 세계 최대의 대구 어장이었습니다. 이 해안은 무분별한 고기잡이로 어획량이 급격히 줄었습니다. 다급해진 캐나다 정부는 1970년대 말, 과학자의 자문을 얻어 어획량을 제한합니다. 이런 정책에도 1990년대 초, 이 해안의 어장은 회생이 불가능한 상태에 이르게 됩니다. 결국 1992년에 어장은 무기한 폐쇄되었고, 그 결과 3만 명에 가까운 어민들은 일자리를 잃고 말았지요.

왜 정부의 어획량 제한 정책에도 이런 사태가 발생했을까요? 바로 과학자들이 예측한 어획량이 틀렸기 때문입니다. 뉴펀들랜드 해안의 어민 역시 영국 컴브리아 지역의 농민처럼 뭔가 상황이 심상치 않다는 것을 과학자들보다 더 빨리 알아차렸습니다. 그들은 정부의 어획량 제한에도 불구하고 어린 대구가 잡히는 현상이 나타나자 좀더 적극적으로 이장을 보호해줄 것을 과학자들과 정부에 호소했습니다.

이때도 정부 정책에 자문을 하는 과학자들은 어민의 말에 귀를 기울이지 않았습니다. 만약 어민의 경고를 귀담아 들었더라면 과학자들은 훨씬 더 현실에 가까운 예측을 할 수 있었을 것입니다. 과학자의 자문을 받은 정부 역시 어장이 회생 불가능한 상태에 이르기 전에 좀더 현실성 있는 정책을 추진할 수 있었을 테지요. 물론 3만 명에 가까운 어민들이 일자리를 잃는 사태도 오지 않았을 것입니다.

앞에서 살펴본 레이첼 카슨 역시 무명의 생물학자에 불과했지만, 아무도 주목하지 않았던 '침묵의 봄'을 포착할 수 있었던 이유도 바로 농민과 어민처럼 오랜 시간 자연과 깊이 교감하는 삶을 살았기 때문입니다. 카슨이 보통의 과학자처럼 실험실에서 생산된 지식에만 관심을 가졌다면 절대로 침묵의 봄을 볼 수 없었겠지요. 이처럼 경험에서 우러나온 '삶의 지혜(lay knowledge)'는 과학기술 활동에 크게 기여할 수 있습니다.

오늘날 과학기술 활동의 불확실성이 점점 더 높아지면서 이런 삶의 지혜는 더욱더 중요한 가치를 가지게 될 것입니다. 특히 보건·환경과 관련된 여러 가지 문제점을 해결하는 데는 그 문제를 안고 사는 사람의 지혜가 해결의 실마리를 제공하기도 합니다. 1980년대 후반 에이즈의 치료법을 찾기 위해 직접 나섰던 에이즈 환자와 그 가족의 활동이 에이즈 치료법을 개발하는 데 크게 기여한 것이 좋은 예입니다.

과학기술, 알면 사랑한다고?

이제 세이건의 시도가 결국 실패로 끝날 수밖에 없었던 이유도 짐작할 수 있겠지요? 그는 보통 사람이 '합리적으로' 행동하지 못하는 이유는 과학기술 지식이 결핍돼 있는 탓이라고 여겼습니다. 더 많은 과학기술 지식을 공급하면 사람들이 더 합리적으로 행동할 것이라고 여긴 것이지요. 그러나 이런 전제는 현실과 다릅니다.

앞에서 살펴본 컴브리아 지역의 예를 널리 알린 영국의 사회학자 브라이언 윈(Brian Wynne)은 이렇게 반박합니다. "흔히 과학기술자는 원자가 무엇인지도 모르는 지역 주민이 원자력 발전소의 위험에 대해서 말하는 것을 비웃곤 합니다. 그러나 교과서에 나온 원자의 정의를 아는 것과 원자력 발전소의 위험을 경고하는 것과는 큰 상관이 없습니다".

이렇게 원자력 발전소와 같은 과학기술 문제를 둘러싼 논란에서도 정작 과학기술 지식이 차지하는 영향이 미미하다면, 단순히 과학기술 지식의 양만을 가지고 합리적인지, 비합리적인지를 따지는 것은 우스워 보입니다.

보통 사람이 과학기술 지식을 더 많이 안다고 해도 상황은 크게 달라지지 않습니다. 2005~6년 한국 사회를 뜨겁게 달궜던 '황우석 사태'를 떠올려보세요. 수많은 사람들이 줄기세포 연구와 관련된 지식을 경쟁적으로 습득했습니다. 그러나 이렇게 지식이 널리 확산되었지만, 많은 사람들은 여전히 황우석의 논문과 줄기세포가 조작되었다고 결론을 내린 과학계의 의견에 귀를 기울이기보다 결국 과학 활동과는 거리가 먼 검찰에 해결을 주문했지요.

이처럼 보통 사람이 과학기술 지식을 더 많이 습득한다고 해도 그것이 곧바로 과학기술과 과학기술자에 대한 신뢰로 이어지는 것은 아닙니다. 보통 사람은 과학기술 지식의 '많고 적음'에 상관없이 자신의 경험과 그로부터 우러나온 지식에 의존해서 과학기술과 과학기술자를 판단합니다. 황우석 사태에서 상당수의 지식인들이 문제의 본질과 전혀 관계없는 맥락을 언급하며 사태 해결의 장애물 역할을 한 것도 이런 사정과 결코 무관하지 않을 테지요.

(황우석의 논문과 줄기세포 조작을 폭로한 것을 놓고 줄기세포 연구를 독점하려는 미국의 과학기술 패권주의에 도움을 주는 행동이라고 비난한 것이 가장 두드러진 예입니다. 논문뿐만 아니라 제대로 된 연구 성과가 없는 것으로 확인된 상황에서, 미국의 과학기술 패권주의를 견제하려면 황우석의 문제점을 덮어야 한다는 '용감한' 주장이 어떻게 가능한지는 의문이지만요.)

갈수록 과학기술의 영향력이 커지는데도 영화 속 과학기술의 이미

과학기술에 대중이 참여할수록
국가, 자본과 같은 권력은 대중의 감시를 의식할 수밖에 없습니다.

지는 부정적인 경우가 많은 것도 마찬가지입니다. 과학기술자들이 계속 '안전하다'고 했던 원자력 발전소, 고속철도, 우주 왕복선 등이 큰 사고를 일으키는 것을 보면서, 또 정작 그런 문제가 발생했을 때 과학기술자가 취하는 무책임한 모습 등을 보면서, 보통 사람이 미래의 과학기술 사회에 불안감을 가지지 않는다면 그것이야말로 이상한 일이겠지요.

과학기술, 대중을 만나다

갈수록 과학기술은 삶에 큰 영향을 미치고 있습니다. 민주주의를 운영 원리로 채택하고 있는 대다수 사회에서도 과학기술과 관련된 의사 결정은 소수의 공무원과 과학기술자가 독점하고 있습니다. 여기에는 공식적인 과학기술 지식의 유무가 큰 잣대가 되곤 하지요. 세이건과 같은 사람은 이런 사정을 안타깝게 여기며, 좀더 많은 과학기술 지식을 보통 사람에게 '주입'하려고 했던 것입니다.

이제 접근 방식이 달라져야 할 것 같습니다. 앞에서 살펴봤듯이 공식적인 과학기술 지식만큼이나 비공식적인 삶의 지혜가 과학기술과 관련된 문제를 해결하는 데 더 큰 힘을 발휘할 수 있습니다. 더 나아가 과학기술 지식의 많고 적음은 보통 사람이 합리적인 의사 결정을 내리는 것과도 큰 상관이 없습니다. 자, 이제 결론을 내려야 할 때입니다. 과학기술이 제멋대로 가지 못하도록 하는 데 필요한 것은 과학기술 지식이 아닙니다.

지금 필요한 것은 보통 사람이 과학기술과 관련된 의사 결정에 참여할 수 있는 길을 더 많이 만드는 것입니다. 이 과정에서 보통 사람이 과학기술자와 머리를 맞대고 토론을 하면 할수록 과학기술에 대한 이해가 높아질 뿐만 아니라, 설사 문제가 발생하더라도 모두가 납득할 만한 합리적인 결정을 내리는 것이 가능합니다. 알면 사랑한다? 아닙니다. 참여하면 사랑합니다.

■ 한 걸음 더 : 다수결로 과학기술 지식을 결정한다고요?

과학기술과 관련된 의사 결정에 보통 사람의 참여가 더 확대되어야 한다는 주장에 가장 큰 거부감을 보이는 이들은 바로 과학기술자입니다. 이들은 퉁명스럽게 대꾸합니다. "과학기술 지식이 없는 보통 사람이 과학기술에 대해서 이러쿵저러쿵 하다니 가당치도 않지. 상대성 이론은 다수결로 결정되는 게 아니야!" 실제로 황우석 사태에서 과학계의 검증 결과를 거부한 상당수 사람들의 모습을 보면 이런 우려가 들기도 합니다.

그러나 이런 사태가 다시 일어나지 않도록 하기 위해서라도 보통 사람의 참여는 꼭 필요합니다. 보통 사람이 과학기술과 관련된 의사 결정에 참여한다고 해서 해당 문제에 대한 공식적인 과학기술 지식을 가진 과학기술자의 의견이 배제되는 것은 아닙니다. 이런 과학기술자의 의견은 의사 결정 과정에서 중요한 역할을 하지요. 다만 최종 결정을 하는 과정에서 과학기술자와 보통 사람이 좀더 많은 소통을 하면 더 나은 결론을 찾아갈 수 있습니다.

만약 정부가 줄기세포 연구에 막대한 지원을 하기 전에 과학기술자와 보통 사람이 소통할 수 있는 자리를 마련했다면, 황우석 사태에서 나타난 상당수 사람의 비합리적인 대응을 막을 수 있었을지도 모릅니다. 과학계는 줄기세포 연구와 관련된 좀더 정확한 정보를 보통 사람에게 전할 수 있었을 테고, 이 과정에서 일반인들도 줄기세포 연구가 모든 것을 가능케 하는 도깨비 방망이가 아니라는 사실을 깨달았을 테지요.

보통 사람의 참여는 중·장기적으로 과학기술자에게도 이득이 됩니다. 오늘날 과학기술자는 국가, 자본과 같은 권력의 부당한 압력에 항상 노출될 위험에 처해 있습니다. 과학기술에 대중이 참여할수록 국가, 자본과 같은 권력은 대중의 감시를 의식할 수밖에 없습니다. 더 나아가 과학기술자도 권력이 부당한 요구를 할 때면 대중에게 호소하여 그런 압력에 맞설 수 있습니다.

뿐만 아니라 과학기술자 스스로 가늠할 수 없는 현대 과학기술의 다양한 위험을 미리 공론화해, 그것이 가져올 부작용을 최소화할 수 있습니다. 더구나 이렇게 공론화를 통해 추진되는 과학기술은 안정적인 연구를 보장받을 수 있을 뿐만 아니라, 나중에 문제가 생기더라도 그 책임이 특정 과학기술자에게 돌아가는 상황을 피할 수 있습니다. 공동체가 공동으로 책임을 져야 하기 때문입니다.

설사 대중이 참여한 가운데 내린 결정이 나중에 잘못된 판단으로 평가된다고 하더라도 결과적으로 그 사회에는 이득이 됩니다. 그 공동체는 현대 과학기술에 대해 여러 차례에 걸쳐 성찰하는 기회를 갖게 되기 때문이지요. 이런 기회가 많아질수록 민주주의는 정치, 경제, 사회 영역을 넘어 과학기술 영역으로까지 확대될 수 있

습니다. 자, 이래도 시민이 과학기술에 참여하는 게 부정적으로 생
각됩니까?

: : 깊이 읽기

『대중과 과학기술: 무엇을, 누구를 위한 과학기술인가』, 김명진 엮고 지음, 잉걸, 2001.

열여섯 시민의
'반란'

시민 패널의 지적은 그간 정부와 원자력계가 많은 비용을 들여 원자력 에너지를 홍보해왔지만,
정작 시민과 눈높이를 맞추고 대화하려는 노력을 기울이지 않았다는 것을 꼬집고 있습니다.
이날 토론회는 시민을 단순히 과학기술 지식을 알리는 대상으로만 파악해서는 절대로 그들의 신뢰를
이끌어낼 수 없다는 교훈을 다시 한번 명확하게 보여줬습니다.

"원자력 에너지를 재생 가능 에너지로 바로 대체하는 것은 불가능해요. 천연가스 등을 최대한 활용해 원자력 에너지를 점차 줄여가면서 재생 가능 에너지를 확대하는 전략이 필요합니다. '원자력 발전이냐, 재생 가능 에너지냐' 이런 식으로 양자택일을 강요하는 분위기는 안 됩니다."

"그 정도는 우리도 이미 알고 있습니다. 우리가 염려하는 것은 그런 핑계를 대면서 계속 원자력 에너지 확대에만 신경을 쓰는 분위기입니다."

"재생 가능 에너지는 현실성이 없습니다. 당장 늘어날 에너지 수요를 재생 가능 에너지로 어떻게 감당할 수 있습니까. 대안은 원자력 에너지뿐입니다."

"한 가지 묻고 싶네요. 50년 뒤나 그 성과가 나타난다는, 또 현실적

으로 가능할지 확신도 없는 핵융합 발전에 대해서는 왜 정부 차원에서 막대한 투자를 하고 있지요? 재생 가능 에너지를 정부가 방치하는 것은 현실성이 없어서가 아니라 '선택'의 문제라는 생각이 듭니다."

2004년 10월 11일, 보통 시민 열여섯 명이 놀랄 만한 선언을 했습니다. 정부가 30여 년 이상 지속해온 원자력 에너지 중심의 전력 정책에 'No'를 선언한 것입니다. 이들은 정부에 이렇게 건의했습니다. "더 이상 원자력 발전소를 새로 짓지 말고, 재생 가능 에너지를 확대하는 것과 같은 대안을 모색하라." 도대체 무슨 사연이 있기에, 이들이 이렇게 정부를 상대로 과격한 요구를 한 것일까요?

더구나 이들 열여섯 명은 전력 정책과 전혀 무관한 직업을 가지고 있는, 말 그대로 '보통' 시민이었습니다. 이 중에는 원자와 전자도 구분하지 못하는, 교과서에 나오는 과학기술 지식에는 문외한인 사람도 상당수 있었고요. 이번에는 이 보통 사람들이 내로라하는 전력 정책 관련 전문가를 상대로 어떤 활약을 보였는지 살펴보겠습니다. 이들이 전력 정책에 관심을 갖게 된 것은 4개월 전으로 거슬러 올라갑니다.

시민, 에너지 전문가가 되다

"저는 그냥 지방의 평범한 직장인입니다. 평소 자주 보는 언론을 통해 시민과학센터에서 '전력 정책의 미래에 대한 시민 합의회의'를 여는데 '시민 패널'을 모집한다는 광고를 보게 됐어요. 마침 직장이 한가할 때라 색다른 경험이 될 것 같아서 호기심에 지원을 했어요. 그리고 까

맣게 잊고 있었는데 연락이 왔어요. 면접을 거쳐서 결국 이 자리에까지 서게 됐습니다."

"10대 1의 경쟁률을 뚫고 선정된 후 처음 만났을 때는 겁이 덜컥 났습니다. 후회가 되기도 했고요. 이렇게 모든 면에서 서로 다른 사람들이 전력 정책과 같이 어렵고 중요한 문제에 대해서 공통의 안을 내놓을 수 있을지도 의심스러웠고, 내가 잘 해낼 수 있을지도 걱정이 됐습니다. 하지만 일단 시작하기로 했으니 창피당하지 않기 위해서라도 열심히 해야겠다고 마음을 먹었습니다."

나이 · 직업 · 지역이 제각각인 열여섯 명의 시민은 처음에는 다들 호기심에 이끌려 시민 패널을 자원했습니다. 하루도 빠짐없이 전기를 쓰면서도 전력 정책은 그들의 큰 관심사가 아니었지요. 10대 1의 경쟁률을 뚫고 시민 패널로 선택된 이들에게 첫 번째로 주어진 임무는 정부, 한국수력원자력(주), 환경단체에서 제공한 두툼한 분량의 온갖 자료였습니다. 이들 열여섯 명의 시민은 서로 다른 입장을 뒷받침하는 자료를 조심스럽게 살펴보기 시작했습니다.

"받아온 자료도 읽고 틈틈이 인터넷을 찾아 돌아다니면서 하나씩 알아가기 시작했어요. '반핵국민행동', '에너지대안센터(현 에너지전환)'와 같은 환경단체도 처음 알았어요. 다들 그렇겠지만 한국수력원자력 홈페이지도 처음 들어가봤어요. 처음에는 원자력 에너지를 둘러싼 찬반 주장 사이에서 내 입장을 정하기가 쉽지 않더군요. 전력 정책의 내용에 대해 알아가면서 내 생각을 가지려고 노력했습니다."

애초 원자력 에너지에 막연한 거부감을 갖고 있었던 이들은 원자력 에너지가 한국의 전력 정책에서 차지하는 비중을 보면서 새삼 그 중요성을 실감하게 됐습니다. 원자력 에너지 이외에는 대안이 없다고 생각했던 이들은 풍력 에너지, 태양 에너지와 같은 재생 가능 에너지가 결코 '꿈같은 얘기'가 아니라 의지만 있다면 지금 당장 현실이 될 수 있음을 알게 되었지요.

"사실 합의회의에 참여하기 전까지는 전기가 왜 중요한지, 에너지 문제가 나의 생활에 어떤 영향을 주는지 한 번도 진지하게 고민해본 적이 없었어요. 원자력 에너지도 막연하게 안전성에 문제가 있다고만 생각했고요. 그러나 지금은 에너지 문제가 얼마나 중요한지 알게 되었습니다. 더 나아가 원자력 에너지의 문제점에 대해서도 훨씬 더 다양한 각도에서 파악할 수 있게 되었어요."

시민이 참여하면 전문가도 달라진다

이렇게 3개월이 지나갔습니다. 10월 8일, 각각 3박 4일간의 시간을 낸 열여섯 명의 시민은 그간 배우고 고민한 내용을 토대로 최종 결정을 내리기 위해 한 곳에 모였어요. 3박 4일간 다양한 입장을 가진 '전문가 패널'과의 토론, 시민 패널 간의 난상 토론 등이 밤낮을 가리지 않고 이어 졌습니다. 앞서 두 차례에 걸친 모임에서 얼굴을 마주했지만, 사실상 처음 본 사람들끼리 전혀 생소한 분야에 대해서 의견을 모아가기 시작한 것이지요.

이 자리에서는 경제·환경에 대한 고려, 기존 전력 정책에 대한 평가, 원자력 에너지에 대한 대안 등 수많은 주제가 토론되었습니다. 다들 처음에는 과연 '합의'가 가능할지 의심을 했습니다. 그러나 정작 문제는 다른 곳에서 터졌습니다. 합의회의 이틀째 행사가 진행된 9일, 전문가 패널과 4시간 동안 토론을 진행한 시민 패널들은 다음과 같은 따끔한 지적을 내놓았습니다.

"처음에는 우리끼리 합의가 가능할지 걱정이었어요. 그러나 지금 찬반으로 나뉜 전문가의 토론을 듣고 보니 전문가 사이에서 더 합의가 안 되는 것 같아요. 특히 정부의 전력 정책을 운용하고 자문하는 전문가의 의사소통 능력은 걱정이 될 정도였어요. 시종일관 기존 원자력 에너지 중심의 전력 정책을 홍보하려고만 하고, 상대방 전문가를 폄하하는 모습을 보였으니까요."

"나이가 어리다고, 원자력을 전공하지 않았다고 환경단체에서 나온 전문가를 무시하는 모습을 보면서 많은 생각이 들었습니다. 저렇게 감시자 역할을 자처하는 환경단체도 무시하는데 우리 같은 일반 시민은 얼마나 우습게 생각할까, 이런 생각이 들더군요. 그동안 전력 정책에 대해 한 번도 국민의 의견을 묻지 않은 사정도 이해가 됐고요. 이런 식이라면 아무리 원자력 에너지가 안전하다고 홍보해도 믿어서는 안

될 것 같아요."

이런 시민 패널의 지적은 그간 정부와 원자력계가 많은 비용을 들여 원자력 에너지를 홍보해왔지만, 정작 시민과 눈높이를 맞추고 대화하려는 노력은 기울이지 않았다는 것을 꼬집고 있습니다. 이날 토론회는 시민을 단순히 과학기술 지식을 알리는 대상으로만 파악해서는 절대로 그들의 신뢰를 이끌어낼 수 없다는 교훈을 다시 한번 명확하게 보여줬습니다.

이날 원자력계를 대표해 토론에 참여한 한 과학자도 시민 패널과 대화를 하면서 이런 한계를 인정했습니다. "원자력계에 종사하는 과학기술자를 비롯한 전문가들이 시민과 대화하는 법에 미숙한 것은 사실입니다. 우리도 깊이 반성하고 있어요." 시민과 전문가의 만남은 시민뿐만 아니라 전문가도 변화시키는 기회가 될 수 있습니다. 이런 의사소통을 통해 비로소 제대로 된 합의가 가능할 수 있지요.

3박 4일, 숨 가빴던 '합의'의 현장

합의회의 사흘째 행사가 진행된 10일, 최종 결정을 내리는 시간이 다가왔습니다. 많은 시간 토론을 진행한 후에도 여전히 결론은 나지 않았습니다. 이런 결과를 예상해 참가자의 4분의 3, 즉 열두 명이 찬성하면 합의한 것으로 결정해둔 터였지요. '원자력 에너지 전력 정책 유지', '원자력 발전소 건설을 제한적으로 허용하는 방안', '신규 원자력 발전소 건설을 전면 중단하는 안' 등 이렇게 세 가지 안을 놓고 무기명 투표가 진행됐습니다.

"최종 결정을 내릴 때는 내가 갖고 있는 가치관과 시민적 상식을 따랐어요. 물론 결정을 내리는 데 찬반 입장을 가진 전문가로부터 제공받은 정보와 다른 시민 패널과의 토론 과정이 도움이 되었어요. 특히 시민 패널 사이의 토론이 최종 결정을 내리는 데 큰 영향을 주었습니다. 이런 여러 가지 과정을 통해 자연스럽게 원자력 에너지와 전력 정책에 대한 나의 입장이 만들어진 것입니다."

무기명 투표 결과는 두 번째 안 5표, 세 번째 안 11표. 합의가 무산되는 순간이었습니다. 시민 패널 사이에 좀더 토론을 해서 합의를 이끌어보자는 의견이 새로 제시되었습니다. 갑론을박 끝에 무기명 투표를 한 번 더하기로 했습니다. 두 번째 안 4표, 세 번째 안 12표. 긴 토론 끝에 결국 전력 정책의 미래에 대한 합의를 이끌어낸 것입니다. 열여섯 명의 시민 패널은 다음 날 발표한 보고서 작성에 들어갔습니다. 이 보고서 작성은 새벽까지 계속됐어요.

"처음에는 두 번째 안을 찍었어요. 그러나 다시 토론을 하는 과정에서 내 생각이 세 번째 안과 다르지 않다는 것을 알게 되었습니다. 일단 원자력 발전소를 더 짓지 말고, 좀더 절박하게 재생 가능 에너지를 확대하고 에너지를 아껴 쓰기 위해 노력하는 것이 더 낫겠다는 생각이 들었어요. 원자력 발전소를 짓지 않아서 발생하는 부족분은 천연가스를 활용할 수 있겠다는 생각도 들었고요."

이렇게 3개월에 걸친 합의회의는 끝났습니다. 물론 이 합의회의는 정부 정책에 직접 반영되지 못했습니다. 이 합의회의가 끝난 지 2년이 지난 지금까지 원자력 에너지 중심의 전력 정책은 그대로 유지되고 있습니다. 유럽에서는 정부와 의회가 직접 합의회의를 주관하고, 그 결과도 과학기술 정책에 직접 반영됩니다. 시민단체가 주관한 한국의 합의회의는 이런 유럽의 경우와는 그 영향력 면에서 크게 떨어질 수밖에 없지요.

그러나 설사 정책에 직접 반영되지 못하더라도 이 합의회의의 성과는 분명히 있습니다. 열여섯 명의 시민 패널은 보통 사람의 역량을 유감없이 보여주었습니다. 보통 사람도 기회만 주어진다면 원자력 에너지, 전력 정책과 같은 과학기술과 관련된 전문 영역에 대해 전문가 뺨치는 식견에 바탕을 둔 균형 있는 의견을 낼 수 있다는 것을 보여준 것입니다. 아직도 일반인은 과학기술에 대해서 입 꾹 다물고 있어야 한다고 생각하시나요?

■ 한 걸음 더 : 합의회의?

합의회의는 시민들이 정치적으로나 사회적으로 논쟁이나 관심을 불러일으키는 과학기술 주제에 대해 전문가에게 질의하고, 그에 대한 전문가의 대답을 청취한 다음 해당 주제에 대한 생각을 정리해 자신의 견해를 발표하는 제도입니다. 1987년 덴마크에서 처음 시작된 이래 1990년대 이후에는 네덜란드, 노르웨이, 미국, 스위스, 오스트리아, 일본, 프랑스, 캐나다 등 전 세계에서 개최되고 있습니다.

한국에서는 1998년에 '유전자 조작 식품(GM Food)', 1999년에 '생명 복제 기술' 등의 합의회의가 열린 데 이어, 2004년에는 '전력 정책의 미래'를 놓고 합의회의가 열렸습니다. 합의회의는 과학기술과 관련된 의사 결정 과정에 시민의 참여를 보장하고자 세계 곳곳에서 도입된 많은 제도 중 하나일 뿐입니다. 세계 각국은 합의회의 외에도 '시민 배심원', '기술영향평가'와 같은 다양한 제도를 마련해 시민의 과학기술 영역에 대한 참여를 보장하고 있습니다.

: : 깊이 읽기

「**과학기술 · 환경 · 시민참여**」, 참여연대시민과학센터 지음, 한울, 2002.

세 번째
편지

용기 있는 과학자를 꿈꾸는 친구에게

벌써 11월입니다. 친구에게 편지를 처음 받았던 게 2005년 12월 말이니 벌써 1년이 다 되었군요. 이제 얼마 후면 고등학교 3학년이 되니 마음이 무거울 것 같습니다. 답장이 늦은 것도 공부하느라 바쁜 탓이라고 생각하고 있었으니, 크게 미안해할 것은 없습니다. 그나저나 이번 편지에서는 어려운 질문을 던졌더군요. 생각을 정리하기 위해 질문을 다시 옮겨보겠습니다.

"지난번 편지를 읽고 많은 생각을 했습니다. 막연히 생각해온 과학기술자의 모습은 실험실에서 진리를 탐구하며 온갖 외부의 압력으로부터 초연한 것이었습니다. 그러나 현실은 정반대의 악역을 과학기술자에게 요구하고 있더군요. 악역을 강요하는 각종 압력에 맞선 용기 있는 과학기술자, 정말 힘든 삶일 것 같습니다. 과연 잘 해낼 수 있을지 걱정이 됩니다."

이 부분을 읽으면서 저절로 한숨이 나왔습니다. 답답한 현실이 꼬리에 꼬리를 물고 떠올랐으니까요. 한 가지 예를 들어볼까요? 황우석 박사의 사기 행각이 세상에 드러난 것은 그와 함께 연구를 하던 한 과학자의 용기 있는 고발 덕분이었습니다. 그러나 지금 그 과학자는 1년이 넘게 실업자로 지내고 있습니다. 여전히 스승을 저버린 패륜아 취급을 받기도 해요. 심지어 자신의 실명조차 밝히지 못하고 있고요. 정작 사기 행각의 당사자는 당당한데 말이죠.

이런 상황에서 '용기 있는 과학자가 될 수 있을까' 하고 고민하는 친구의 심정에 공감할 수밖에 없습니다. 그러나 한편으로는 반갑기도 했습니다. 바로 그런 고민이 쌓여갈 때 비로소 부당한 압력에 맞설 수 있는 용기가 나올 수 있을 테니까요. 고백하자면 과학기술자는 아니지만 나 역시 비슷한 고민을 하고 있습니다. 온갖 압력으로부터 자유롭지 못한 것은 기자 역시 마찬가지니까요. 대답이 신통치 않군요. 대신 똑같은 고민을 좀더 먼저 시작한 처지에서, 고민을 쌓는 데 도움이 될 만한 이야기를 하는 것으로 빈약한 답변을 보완하도록 하겠습니다.

세계는 어떻게 움직이는가?

먼저 강조하고 싶은 것이 있습니다. '신문을 열심히 읽어라.' 오해는 마세요. 기자를 하고 있는 탓에 신문 타령을 하는 것은 아닙니다. 일단 문제점이 무엇인지 파악하기 위해서는 세상이 어떻게 돌아가는지부터 알아야 합니다. 더 나아가 다양한 이해관계를 가진 온갖 이들이 어떤 목소리를 내는지도 알아야 하지요. 신문에는 바로 이런 모든 세상사가 집약되어 있습니다.

세상이 어떻게 돌아가는지 알지 못하는 과학기술자는 자신의 의지와는 상관없이 인류에게 큰 피해를 입힐 수 있습니다. 1930년대 제2차 세계대전이 초읽기에 들어간 상황에서 원자폭탄 개발의 토대가 되는 발견을 연달아 발표한 물리학자의 처신을 떠올려보세요. 만약 그들이 세상이 어떻게 돌아가는지를 따져 좀더 세심하게 고려했더라면 전쟁 중에 원자폭탄이 개발되는 것을 막을 수 있었을지 모릅니다(2부 「핵폭탄, 세계를 삼키다」 참고).

요즘에는 인터넷 포털 사이트에 들어가서 눈에 들어오는 제목의 기사만 골라 읽는 게 습관이 되었습니다. 이런 식으로 정보를 편식하다가는 세상이 어떻게 돌아가는지 결코 알 수 없습니다. 가능하면 신문 하나를 선택해서 하루에 한 시간이라도 읽으면서, 한국 사회에 도대체 어떤 일이 일어나는지 파악하는 게 중요합니다. 물론 신문에 실리는 각종 의견도 놓치지 않아야지요.

그 시간에 차라리 책을 읽는 게 낫지 않느냐고요? 사실 나 역시 처음에는 그렇게 생각했습니다. 한 선배를 만나기 전까지는 말입니다. 그 선배는 늘 한쪽 손에 신문을 들고서 시간 날 때마다 틈틈이 그것을 읽곤 했습니다. 정치, 경제, 사회, 문화, 국제 등 온갖 분야의 소식을 가리지 않고요. 자투리 시간을 활용한다면 신문 읽을 시간은 충분히 확보할 수 있습니다.

물론 신문을 읽는 것만으로는 부족합니다. 특별히 기본적인 사회과학 소양을 가질 수 있도록 노력해야 합니다. 경제학이나 사회학을 전공할 것도 아닌데 웬 사회과학 소양이냐고요? 눈에 보이는 것이 전부가 아니기 때문입니다. 세상의 온갖 권력 관계는 대개 은폐되어 있습니다. 그런 은폐된 권력 관계를 꿰뚫어볼 수 있는 안목을 기르기 위해서는 별도의 훈련이 필요합니다. 사회과학 소양은 이런 은폐된 권력 관계를 꿰뚫어볼 수 있는 안목을 기르는 데 도움을 줍니다.

눈엣가시 같은 노동조합을 파괴하기 위해서 성능이 형편없는 기계를 손해마저 감수하고 공장에 도입한 사장 이야기, 기억나지요? 그 사장의 행동은 얼른 보기에는 합리적이지 못합니다. 그러나 자본주의 사회에서 자본가와 노동자는 대립할 수밖에 없는 관계라는 칼 마르크스(Karl Marx)의 분석을 염두에 두면 그 사장의 행동은 전형적인 자본가의 모습이라고 볼 수 있습니다(1부 「안국동 육교가 23년 만에 철거된 사연」 참고).

한 가지 예를 더 들어볼까요? 오늘날 가장 각광을 받는 과학기술 중 하나는 바로 감시와 관련된 기술입니다. 특히 오늘날의 감시 기술은 감시를 받는 사람의 눈앞에 직접 모습을 드러내지 않는 경우가 많습니다. 감시를 받는 사람은 항상 눈에 보이지 않는 감시 기술을 의식해서 자발적으로(!) 스스로를 통제하게 됩니다. 감시 기술에 의해 내면까지 훈육되는 것이지요. 미셸 푸코는 파놉티콘을 통해서 이런 효과를 잘 설명하고 있습니다(2부 「빅 브라더가 지배하는 사회」 참고).

사회과학 소양을 기르는 데는 눈에 보이는 현실을 꼼꼼히 파고들어 그 이면의 비밀을 폭로하고 분석한 책이 큰 도움이 됩니다. 최근에 읽은 책 중에서 『로컬 푸드』가 그랬습니다. 이 책은 매일 식탁에 오르는 먹을거리가 얼마나 먼 거리를 이동해온 것인지, 그 과정에서 먹을거리 산업을 지배하는 기업이 생산자와 소비자를 얼마나 기만하고 있는지, 이런 상황이 계속된다면 어떤 재앙이 닥칠 것인지 등을 설득력 있게 설명하고 있습니다.

함께 고민하고 꿈꾸자

이렇게 신문과 책을 읽는 것보다 더 중요한 게 있습니다. 절대로 혼자서 고민하지 말라는 것입니다. 주변을 둘러보고 찾아보면 분명히 함께 고민을 나눌 사람이 있기 마련입니다. 혼자서 고민을 하다보면 대개 스스로를 이렇게 정당화하기 마련입니다. '어쩔 수 없어. 나는 힘이 약해.' 그렇습니다. 혼자는 힘이 약합니다. 그러나 두 사람, 세 사람 더 나아가 수많은 사람이 함께하면 훨씬 더 힘을 낼 수 있습니다.

2005년 12월 5일 새벽, 밤새 잠을 이룰 수 없었습니다. 그 전날 황우석 박사의 사기 행각을 폭로할 결정적인 증거를 쥐고 있던 문화방송(MBC)이 사실상 항복을 선언했기 때문입니다. 결정적 증거를 쥐고 있다고 알려진 「PD수첩」도 방송은커녕 존폐가 거론되는 상황이었습니다. 잘 알다시피 당시 앞장서 황우석 박사의 연구에 의혹을 제기했던 나 역시 당혹스러웠습니다. (처음 보낸 편지에서 그때 내가 '죽이고 싶도록' 미웠다고 했지요?)

여론의 추이를 보면 더 이상 기자 생활을 할 수 없는 처지였어요. 게다가 MBC에 비해 규모가 훨씬 작은 「프레시안」마저도 문을 닫을 상황이었지요. 언론사의 생명은 신뢰인데 대다수 대중으로부터 신뢰를 잃을 상황에 처했으니까요. 광고를 주던 일부 기업은 소비자의 항의를 이유로 광고를 끊는 상황이었습니다. 그러니 잠을 제대로 이루지 못한 게 당연하지요.

그러나 나 혼자만 고민을 했던 게 아니었습니다. 새벽에야 선잠을 잔 뒤 깨어보니 십여 통의 전자우편이 와 있었습니다. 바로 황우석 박사가 2005년에 『사이언스』에 발표한 논문에 첨부된 줄기세포의 사진이 조작된 것이라는 내용이었습니다. 시간이 한참 지나서야 이 내용을 인터넷 게시판에 최초로 알린 이가 왕년에 과학자로서의 삶을 살다가 지금은 은퇴한 뒤 감자 농사를 짓는 농민이라는 사실이 확인되었지요.

그 뒤에도 기적은 계속 이어졌습니다. 이번에는 지방의 한 대학에서 생물학을 공부하던 이와 연락이 닿았습니다. 그는 사진뿐만 아니라 줄기세포의 진위를 판가름하는 결정적 증거인, 논문에 실린 DNA 지문 분석 결과도 조작되었을 가능성을 제기했습니다. 수차례의 의견 교환 끝에 그 내용도 기사로 실릴 수 있었습니다. 그 기사는 「뉴욕타임스」 등에서도 관심을 가져 황우석 박사의 논문 조작이 전 세계의 관심을 끄는 계기가 되었지요.

수많은 사람이 밤낮을 가리지 않고 도움을 주었습니다. 「프레시안」에 실린 기사를 영어로 번역해서 『네이처』, 『사이언스』, 「뉴욕타임스」 등으로 보낸 이도 있었고, 여러 가지 불이익이 예상되는 상황에서도 황우석 박사 등이 내놓은 거짓 해명을 과학적·논리적으로 반박한 이도 있었습니다. 이런 여러 사람의 노력으로 결국 대다수 국민의 지지를 등에 업고 정치권과 언론으로부터도 전폭적인 지원을 받던 황우석 박사의 사기 행각이 폭로될 수 있었던 것입니다.

마찬가지입니다. 지금 과학기술자 중에서도 온갖 압력에 맞서 진리 탐구와 공동체의 이익을 지키기 위해 노력하는 이들이 많습니다. '인간 유전체 프로젝트(Human Genom Project)'의 책임자였던 노벨상 수상 생물학자 존 설스턴(John E. Sulston)도 그중 한 사람입니다. 현대 생명과학의 최전선에서 지도자로 활동했던 그는 『유전자 시대의 적들』이라는 책에 다음과 같이 고백하며 과학기술자의 공동의 행동을 촉구하고 있습니다.

지난 세기에는 과학과 인간성 사이에 균열이 있었다. 우리는 지금 개인 소유권을 지나치게 신뢰하는 시대를 살고 있으면서 공공의 선을 파괴하는 방향으로 가고 있다. 세계화의 과정을 통해 이러한 신조가 전반적으로 전 세계에 강요되고 있다. 이런 시대에 과학자는 전 세계 어디에서나 권력으로부터의 독립성을 유지하며 이윤의 추구가 아니라 윤리의 확립을 위해 앞장서야 한다.

앞에서 세 가지를 강조했습니다. 이 세 가지는 서로 떨어진 것이 아니라 유기적으로 연결된 것입니다. 예를 들어 책을 읽고서 사회과학 소양을 쌓아도 지금 현재 세상이 굴러가는 사정과 연관을 짓지 않으면 '죽은' 지식에 불과합니다. 세상의 온갖 은폐된 권력 관계를 통찰력 있는 시각으로 분석했다고 하더라도 혼자서만 그 고민을 안고 있으면 절대로 권력에 맞설 수도, 세상을 바꿀 수도 없습니다.

노파심에서 한 번 더 말하지만 가장 중요한 것은 질문을 던지는 것, 즉 고민을 시작하는 것입니다. 고민을 하다보면 자꾸 그 고민을 풀기 위해 다양한 것에 관심을 가질 수 있습니다. 더 나아가 고민을 나누고 함께 문제를 해결할 공동체를 찾게 되지요. 이런 점을 염두에 두면 이미 고민을 시작한 친구는 반쯤은 권력에 굴복하지 않는 용기 있는 과학기술자가 되는 길에 첫걸음을 내디딘 셈입니다. 미래의 모습이 벌써부터 기대됩니다.

2006년 11월 26일
강양구 드림

환경을 심각하게 훼손하며 수많은 사람들의 노동을 통해 책을 내는 입장에서, 이 책이 세상에 나오게 된 경위를 잠시 설명하겠습니다. 이 책의 원고 일부는 2004~5년 사이에 한국과학문화재단에서 내는 인터넷 매체 사이언스타임즈(www.sciencetimes.co.kr)에 청소년 대상의 연재물로 세상에 선보였습니다. 평소 과학기술에 대해 가져온 생각을 청소년과 공유할 필요성을 절실히 느꼈던 터라, 2년 가까이 연재가 지속되었던 것입니다.

연재가 진행되는 동안 중·고등학생, 교사들로부터 많은 연락을 받았습니다. 특히 「들어가며」에서 언급한 대로 황우석 사태를 지나면서 의견을 주고받았던 몇몇 10대 친구들이 이런 책의 필요성을 강하게 제기했습니다. 이 책에 실린 세 통의 편지 수신자도 이런 친구들 중 한 명입니다. 이런 의외의 반응은 청소년에게 과학기술을 쉽게 알리는 책은 많이(!) 출간되었지만, 정작 과학기술과 사회를 염두에 둔 책은 찾아보기 힘든 현실 탓이라고 생각합니다.

처음에 책을 내기로 마음먹었을 때는 청소년과 시민을 위한 '과학기술과 사회(Science, Technology and Society)' 관련 읽을거리를 만들고자 했습니다. 그러나 본격적으로 책의 꼴을 만들어가며 그런 읽을거리를 엮는 것은 과욕이라는 생각을 하게 되었습니다. 일상생활에서 볼 수 있는 여러 가지 과학기술과 관련된 문제를 함께 살펴보는 게 훨씬 더 이 책의 기획의도와 맞을 것이라는 판단도 더해졌습니다.

책 전체에 걸쳐 이론적인 논의보다는 일상생활의 여러 가지 문제에 대한 주장을 나열해 토론을 촉발하려 한 것도 이런 사정 때문입니다. 찬반의 견해를 골고루 소개해 결과적으로 이것도 저것도 아닌 양비양시의 입장을 택해온, 그간의 청소년을 대상으로 한 과학기술 관련 읽을거리의 한계에 대한 인식도 이런 구성을 택하는 계기로 작용했습니다. 이 책은 말 그대로 '대화' 를 지향합니다.

여기서 고백하지 않을 수 없습니다. 막상 책으로 묶고 보니 지난 10여 년간의 고민에도 도무지 독창적인 것이라고는 찾아볼 수 없어서 부끄럽기 짝이 없습니다. 곳곳에서 밝힌 도움을 받은 수권의 책 외에도 지난 10여 년간 나와 관계를 맺어온 수많은 이의 고민이 이 책에 녹아 있습니다. 그중 몇 분이라도 언급하는 것이 꼭 필요할 듯합니다. 이 책의 한계는 빠른 시간 내에 이분들의 노력을 통해 보완될 것이라고 믿어 의심치 않습니다.

지난 10여 년간 '과학기술 민주화' 를 위해 함께 고민하고 노력해온 김환석, 김동광, 박병상, 이영희 선생님의 말과 글은 이 책의 뼈대가 되었습니다. 10여 년의 세월 동안 함께하고 있는 '강한 모임' 과 시민과학센터의 동료 김상현, 한재각, 김명진, 김형훈, 김병윤, 권용훈, 김병수, 김

준성, 김은숙, 이종민은 사실상 이 책의 저자와 같습니다. 이 책에서 눈여겨볼 만한 주장, 새로운 정보가 있다면 그것은 모두 이들의 것입니다.

김종철 선생님, 이필렬 선생님을 비롯한 『녹색평론』 편집자문위원회 선생님 그리고 『녹색평론』 독자들에게도 깊은 감사의 인사를 전합니다. 오늘날 과학기술과 사회의 관계를 고민할 때, 가장 중요하게 고려할 수밖에 없는 민주주의와 생태주의에 대한 고민을 계속 심화할 수 있었던 데는 이분들의 날카로운 질책과 따뜻한 애정이 큰힘이 되었음을 고백합니다. 특히 첨예한 사회적 논란이 있을 때마다 든든한 버팀목이 되어준 것은 잊지 못할 것입니다.

계속 고민을 진개힐 수 있었던 데는 수년간의 기자 생활의 영향이 컸습니다. 생각을 날카롭게 벼리는 데 격려와 질책을 아끼지 않은 「프레시안」의 선배, 동료에게 감사를 표하고 싶습니다. 새로운 세상을 만들기 위해 고군분투하는 공익제보자, 시민·사회단체 활동가들에게도 깊이 감사드립니다. 이분들이 보여준 믿을 수 없는 열정은 매 순간 나를 부끄럽게 하며 스스로를 채찍질하게 합니다.

처음 이런 글을 써볼 것을 제안하고 격려해준 이은희에게 특별한 고마움을 표시하고 싶습니다. 10여 년간 과학기술과 관련된 고민을 함께해오면서 점차 생각이 비슷해지는 것을 경험하는 것은 또 다른 즐거움입니다. 나를 채근해가며 반듯한 책을 만들어 준 뿌리와이파리 여러분, 특히 골칫덩어리 초등학교 동창 탓에 많은 고생을 한 박지현에게 깊이 감사드립니다. 이 책에 실린 원고 대부분의 첫 독자였던 유은진, '공적인 삶'과 '사적인 삶'의 경계를 무너뜨리는 새로운 관계를 함께 만들고 있는 '양구와 함께' 친구들에게도 감사의 인사와 함께 애정을 듬뿍 보냅니다.

　마지막으로 이 책을 쓰면서 계속 염두에 둔 10대들에게 깊은 애정을 보냅니다. 이 책을 읽는 그들이 훌륭한 과학기술자가 되기를, 또 과학기술 시대를 살아가는 성찰하는 시민으로 성장하기를 바랍니다. 그들과 앞으로 오랫동안 과학기술이 모든 사람의 '희망'이 되기 위해 무엇을 해야 하는지 함께 고민하고 실천하고 싶습니다.

2006년 12월

강양구